Raupen-Schlepper

Die „Mutter aller Raupenschlepper" – Holt Caterpillar (Typ 75 / Baujahr 1917). Dieses tonnenschwere Faktotum der Caterpillar Tractor Company in Peoria/Illinois, wurde über eine ungarische Verkaufsagentur vor dem Ersten Weltkrieg auch in Europa eingeführt und hat mit dem Prinzip der selbstlegenden, endlosen Kettenschiene die Entwicklung dieser Fahrzeuggattung entscheidend geprägt. Raupenschlepper, Kettenfahrzeuge und Baumschinen der Firma Caterpillar besitzen heute eine weltweite Präsenz

Verlag Podszun-Motorbücher GmbH
Elisabethstraße 23-25, D-59929 Brilon
Herstellung: Druckhaus Cramer, Greven
ISBN 3-86133-278-7

Wolfgang Wagner

Raupen Schlepper

■ Prospekte ■ Grafiken ■ Bilder

PODSZUN

Wolfgang Wagner

Sozialpädagoge, Jahrgang 1947, lebt in Hamburg. Seine Vorliebe für historische Landtechnik wurde bereits während der Kindheit und Jugend auf einem landwirtschaftlichen Gut begründet. Verfasser vieler Beiträge u.a. für die Fachzeitschrift „Der Pionier" und für das „Jahrbuch Traktoren". Mitautor der Reihe „Prospekte berühmter Traktoren". Autor der Bücher „Das Unimog Prospektebuch", „Das Einachschlepper Prospektebuch" sowie „Kramer Traktoren-Prospekte".

Wolfgang Wagner am Steuer eines Cletrac-Raupenschleppers (Modell K der Clevland Traktor Company aus Ohio mit einem Vierzylinder-Vergasermotor bei 32 PS Leistungsabgabe) aus dem Jahr 1918. Diese Maschine war mit einem revolutionären Doppeldifferential-Lenkgetriebe ausgestattet, das ein Abbremsen des jeweiligen Kettenbandes für die Richtungsänderung der Raupe ohne Zugkraftverluste ermöglichte. Dieses Konzept wurde weltweit von namhaften Firmen übernommen und schuf die technischen sowie ökonomischen Voraussetzungen für einen zuverlässigen und betriebssicheren Standard der Maschinengattung. Diese im Originalzustand erhaltene Rarität hat Technikgeschichte geschrieben und befindet sich im Bestand der landtechnischen Sammlung des Freilichtmuseums „Am Kiekeberg" im Landkreis Harburg.

Einführung

Die Entwicklung des Raupenschleppers in Deutschland ab 1920 wird im vorliegenden Band in einer repräsentativen Auswahl unter mehr als 40 Herstellern anhand von zum Teil außergewöhnlichem Foto- und Prospektmaterial vorgestellt. Beginnend mit den Hanomag Raupenschleppern WD Z 25 und WD Z 50 finden sich in einer Abfolge historischer Werbeträger und bisher nicht veröffentlichter Fotos bahnbrechende Konstruktionen, wie dem ersten in Blockbauweise gefertigten Schlepper der Linke-Hoffman-Werke, Prototypen des Kettenspezialisten Ritscher, dem eigenwilligen „Raupenstock", sowie die Erfolgsmodelle der „Klassiker" von Famo, Deutz, Hanomag, Lanz u.a.. Die Weiterentwicklung des „Rübezahl" sowie neuartige Versuche mit elastischen Gleiskettenfahrzeugen vermitteln einen Einblick in den innovativen Schlepperbau der Traktorenwerke Brandenburg und Schönebeck in Deutschland „Ost" und leiten auf die Generation neuartiger Großschlepper mit Gummiraupenlaufwerken über, die dem fast als Auslaufmodell gehandelten „Dinosaurier" in der Landwirtschaft zu einer unverhofften Renaissance verholfen haben. Kein Erfolg blieb den sogenannten Anbauraupen beschieden, die durch den aufkommenden Systemschlepper mit größerer Motor- und Zugleistung bald vom Markt verschwanden.

Die Ursprünge des Raupenschleppers lassen sich heute nicht eindeutig über eine bestimmte historische Quelle definieren. Die erste namentliche Erwähnung einer „selbstlegenden Endlosschiene" geht wohl auf den englischen Tüftler L.R. Edgeworth zurück, der schon 1770(!) mit selbsttätig umlaufenden Schienensegmenten auf einem getriebenen Holzrad experimentierte. Die älteste mit einem Objekt belegte Spur führt zu dem Amerikaner James Boydell, der 1846 mit seiner „track-laying steam traction engine" jenen ersten Patentanspruch auf einen Apparat erhob, der „in der Anbringung beweglicher Schienenstücke auf Rädern bestand, wobei die einzelnen Teile successive auf den Boden niederge-

Hanomag Raupenschlepper WD Z 50 (1921)

legt, auf welchem die Räder sich fortbewegen sollten, und wieder hochgehoben wurden, nachdem das Rad darüber hinweggegangen ist". Es handelte sich hierbei um ein primitives, dampfgetriebenes Rahmenfahrgestell, an dessen vier großdimensionierten Rädern klappgreiferähnliche Schildplatten befestigt waren, die in der abgelegten Bodenlinie eine geschlossene Kette ergaben. Auch in England wurden mit den aufkommenden Dampfpflügen Versuche an Gleislaufwerken (Howard) unternommen und in Russland 1980 ein Patent auf ein straßentaugliches kettengetriebenes Fahrzeug (Blinow) erteilt. In Amerika haben mehr als 20 patentierte Verbesserungen an Laufwerk und Fahrgestell zunächst den Bau von unförmigen, tonnenschweren, lokomotivähnlichen Feldkolossen mit kurzen Gleisketten und schlittenartigen Lenkkufen (Baxter, Stratton und Lombard) ermöglicht, an deren Weiterentwicklung sich auch die späteren Pioniere Benjamin Hold und Daniel Best beteiligten. Der erste praxistaugliche Dampfkettenschlepper wurde von Benjamin Holt im Jahre 1904 in Stockten / USA vorgestellt. Die Bestückung dieser Maschine mit einem Gasolin-Motor und modifiziertem Raupenfahrwerk mit einer einfachen Lenkkupplung führte im Jahr 1907 zur Serienfertigung und avancierte zum Prototyp einer Zugmaschinengat-

WD Z 50 in restauriertem Bestzustand (Sammlung E. Herter)

tung – deren ursprünglich vorgesehener Einsatz in der Moorkultur und auf wenig tragfähigen Böden um völlig neue Anwendungsfelder in Land- und Forstwirtschaft, Industrie und Bauwirtschaft erweitert werden sollte. Der Caterpillar, als Synonym für den Raupenschlepper schlechthin, war geboren, sein Siegeszug um die Welt in der Kooperation von Hold und Best im Jahre 1925 unter der

WD Z 25 im Originalzustand (Museum Wandlitz)

Hanomag Raupenschlepper WD Z 25 (1919). Am Steuer der legendäre Prof. Dr. Helmut Meyer – „Schlepper-Meyer" – auf dem Schlepperprüffeld Potsdam-Bornim

„Interessengemeinschaft Caterpillar-Tractor-Company Peoria / Bundesstaat Illinois" nicht mehr aufzuhalten. In Europa wurde dieser Schlepper als „Radloser-Pflug-Zug- und Universalmotor" von der Holt-Caterpillar Company in Budapest eingeführt. Erste Exemplare gelangten 1912 auch nach Deutschland.

Der Caterpillar stand in den zwanziger Jahren Pate für den Bau kettengetriebener Schwerzugtraktoren der aufkommenden Schlepperindustrie in Deutschland, die über den Umweg der militärischen Nutzung (Umbau von Radschleppern zu Artilleriezugmaschinen und Gleiskettenfahrgestellen im Ersten

WD-Raupe Z 25 als Werbeträger auf Erdal-Kwak-Serienbild (1936)

Büssing-Raupe, Typ RBP mit 55 PS (1920)

Weltkrieg) zwar verspätet, aber mit hochentwickelten und leistungsfähigen Laufwerkskonzeptionen überzeugen konnte. Entscheidende konstruktive Impulse sind von dem Kraftfahrzeugingenieur Joseph Vollmer (1871-1955) ausgegangen, der insbesondere auch an der Entwicklung des ersten Serienraupenschleppers für die zivile Nutzung – dem Hanomag Z 25, Bauart WD – im Jahre 1919 beteiligt war. Diese Maschine wurde überall dort eingesetzt, wo moorige und druckempfindliche Böden in der Land- und Forstwirtschaft mit den herkömmlichen Trag- und Motorpflügen nicht bearbeitet werden konnten. Trotz ihres Gewichtes von 3,3 Tonnen wurde von den Gleisketten nur ein Bodendruck von 0,5 kg/cm^2 ausgeübt. Ein Vierzylinder-Hanomag-Benzol-/Benzinmotor brachte über ein Ausgleichs-Getriebe-Differential 29 PS an den Haken. 1921 folgte ein 50-PS-Raupenschlepper gleicher Rahmenbauart mit einem Gesamtgewicht von 6,8 Tonnen mit einem neuartigen Kupplungslenkgetriebe, welches das „Sägen" der Gleisketten bei Kurvenfahrten deutlich reduzierte. Im dritten Gang war eine Fahrgeschwindigkeit von 6 km/h zu erzielen. Dieser Typ Z 50, mit Forstseilwinde, Riemenscheibe, Straßenbeleuchtung sowie mit sonstigen Sonderausrüstungen speziell auch für den Export angeboten, war trotz seiner hohen Anschaffungskosten äußerst erfolgreich. Eine höhere Flächenleistung dieser Maschinen bei der Feldbestellung führte zur Aufgabe der Brache (aufgrund unzureichender Gespannkapazitäten konnte auf den großen Gütern bis zu einem Drittel der Ackerfläche nicht bearbeitet werden) und somit zu einer betriebswirtschaftlichen Aufwertung durch entsprechende Ertragssteigerung. Diese Maschinen haben als epochale Wegbereiter einer neuartigen Schwerzugmaschine von großer Akzeptanz die Ära der Raupenschlepper eingeleitet.

Im „Raupenfieber" der Gründerzeit werkelten große Stahlschmieden und kleine Schrauber an einer Vielzahl von modifizierten Typen unterschiedlicher

Werbung für den Büssing-Raupenschlepper LZM (1919)

Podeus-Raupenschlepper aus Wismar, Namensgeber in Deutschland für diese Schleppergattung mit patentiertem Schriftzug und Emblem (überdimensionale „tierische" Raupe vor Großpflug)

Größe und Laufwerksvarianten, deren geringe Serien- und Praxistauglichkeit sich gegen die Überlegenheit der späteren „Klassiker" nicht behaupten konnte, ihre historische Bedeutung für die Weiterentwicklung für diese Sparte aber ist unbestritten. Dazu zählen Firmen wie Büssing, Dinos, Pöhl, Dürrkopp („Comfräsch"-Fräse) und die Schwäbischen

Dinos-Raupenschlepper Z 20 (1918)

Hüttenwerke mit einem frontgetriebenen Raupenschlepper, der mit einem 15 PS starken Kämper-Vergasermotor ausgerüstet, kurioserweise auch zu einem Radschlepper umgewandelt werden konnte. Diese Maschine übte im Verhältnis zum Eigengewicht den geringsten Bodendruck aller Fabrikate der Zeit aus. Der Markenname „Raupenschlepper" wurde von der Fa. Podeus aus Wismar für ihren 45 PS starken Kettenschlepper zur geschützten Produktbezeichnung erhoben.

Es folgten 1924 der MTW-Raupenschlepper der Moorburger Treckerwerke, Ritscher mit abgefederten Laufrollen, sowie 1927 der erste in Blockbauweise gefertigte Schlepper der Linke-Hofmann-Werke (Bauart Stumpf) mit einem 50-PS-Kämper-Motor. Ab 1929 mit dem legendären Cletrac-Doppeldifferential-Lenkgetriebe ausgerüstet ging diese Maschine in Serienfertigung und erlangte mit den späteren Typen „Rübezahl" und „Boxer" der Famo-Werke einen legendären Ruf. Mit einer eigenwilligen Konstruktion trat 1928 die Stock-Motorpfluggesellschaft mit ihrer 28 PS starken Kleinraupe „Raupenstock" auf den Markt, die mit übergroßen Triebrädern und einem freitragenden Laufwerk dem Leitspruch des Firmengründers Rechnung trug, wonach der Durchmesser der Triebräder „niemals groß genug gewählt werden könne". Erst moderne Lenkkupplungen und Lenkgetriebe mit einem „Doppeldifferential" verschafften den Schleppern in den dreißiger Jahren den Durchbruch zu einem betriebssicheren Einsatz bei höchster Beanspruchung und schonender Bodenbehandlung. Allen voraus der Marktführer Hanomag mit der K 50, gefolgt von Famo sowie der Bulldog-Raupe von Lanz, jetzt mit eigenem Laufwerk und Getriebe, nachdem erste Versuche mit Ritscher Komponenten abgebrochen wurden. Die Leistungsgrenze aller Maschinen bewegte sich um 60 PS, erhöhte sich nach dem Zweiten Weltkrieg bis zu 100 PS. Die Lanz-Raupe wurde aus dem Programm genommen und auch der „Newcomer" Deutz trat ab 1953 mit einer 60-PS-Version in Halbrahmenbauweise auf die Bühne. Die Maschine wurde über eine modifizierte Lamellen-Lenkkupplung gesteuert. Diese erfolgreiche Typenreihe wurde um einen 90-PS-Boliden erweitert, erschloß sich später mit der DK 100 auch den Baumaschinen- und Industriebereich, auf dem bereits die Fa. Kaelble im 150-PS-Segment vertreten war. Hanomag hat mit einem Sechszylinder-Motor „gleichgezogen" und sich mit der K 90 E aus dem traditionellen Einsatzbereich verabschiedet. Bis zum Aufkommen des ersten Gummigleiskettenschleppers „Callenger" der Fa. Caterpillar gab es für Gleiskettenfahrzeuge in der Landwirtschaft lange nichts mehr zu „reißen". Gleichwohl hat die Kleinraupe im Wein- und Plantagenbau Bestand und partizipiert heute von modernster Gleisbandtechnologie.

Bei der „Qual der Auswahl" aus einem Fundus opulenter Vorlagen zur unerschöpflichen Bandbreite des Titels entspricht die Zusammenstellung dieses Buches auch sehr subjektiven Kriterien des Autors, die von ihm unumwunden eingestanden werden – von denen er sich aber auch gerne beeinflussen lassen wollte!

Für die freundliche Mitwirkung an diesem Band bedanke ich mich bei Michael Bach, Dipl. Ing. Reinhard Blumenthal, Johan Broekema, Hans Butenschön, Dr. Markus Demmel, Hinrich Duggen, Helmut Heidrich, Thorsten Kröger, Peter Peterson, Dr. Jochen Meiners, Ingo und Herbert Pawlak sowie der Technischen Universität Dresden (Lehrstuhl für Landtechnik, Herrn Richter) und dem Heimatmuseum Gößnitz (Herrn Grimshandl).

Ritscher-„Panther“, Prototyp von 1920 mit 20-PS-Deumo-Motor sowie Riemenscheibe vorn

Ritscher-Raupe,
Typ „E“ (1926-1930) mit
27-PS-Kämper-Motor
und Differential-Lenkgetriebe

LHW-Großkraftschlepper „Rübezahl" (Bauart Stumpf), mit 50-PS-Kämper-Motor (ab 1927)

J. Mehlich, Typ Dürkopp-„Comfräsch" 45/56 PS

„Comfräsch"-Maschine mit integrierter Hauenfräse (1924)

SHW (Schwäbische Hüttenwerke), frontgetriebener Raupenschlepper (etwa 1920)

Pöhl-Radraupe „Zugmotor" mit 28-PS-Dorner-Motor (1930)

Stock-Raupe „Raupenstock", mit frei geführten Kettenbändern ohne Tragrollen (auf der DLG 1927 erstmals vorgestellt)

Ein Meilenstein der Schleppergeschichte: 28 PS „Raupenstock" im Museum Blankenhain

Wurr-Kleinraupe mit Einzylinder-Junkers-Gegenkolben-Motor (Prototyp 1934)

Prototyp eines Lanz-Kettenfahrzeuges aus dem Ersten Weltkrieg

Lanz Vollkettenbulldog HR 6 mit 38 PS und Ritscher-Kettenlaufwerk (Versuchsgelände in Moorburg 1933)

Das Ritscher-Laufwerk war nicht „Lanz-kompatibel", erst Modifizierungen am Differential sowie der Einbau von Lamellenlenkkupplungen führten mit dem neuen Typ HR 8 zu einem erfolgreichen Serienbau

Feldversuche bei Lanz 1935 (gegen das „Aufpeitschen" der Ketten unter extremer Zughakenlast wurde mit verschiebbaren Ballastgewichten experimentiert)

Lenkversuche mit einer 55-PS-Lanz-Raupe 1939

Bulldog-Straßenbau-Raupe (D 1571) mit Kriechgang und überbreitem Fahrwerk bei der Bodenvermörtelung in Russland

55-PS-Straßenbauraupe in Nachkriegsausführung mit aufgeschraubten Hartgummilaufstollen

Famo-Kettenschlepper „Rübezahl" im Zugversuch mit zwölf Ackerwalzen (1939)

Kaelble-Dieselraupe PR 600 mit einer gigantischen Leistung von 150 PS mit Planierschild und Seilwinde (modifizierte Version der PR 125 von 1939)

NSU-Kettenkrad mit Schachtellaufwerk und Ritscher-Ketten im Versuch für die Eignung in der Landwirtschaft (Forschungsanstalt Völkenrode 1952)

Leichtraupe „Robot“ von Linke-Hoffmann-Busch vor dem Bremswagen (1951)

Mit Tempo 20, „Gummibereifung“ und „Automobilsteuerung“ ist die kleine Raupe „kinderleicht“ auf Feldweg und Straße zu bewegen

Neuauflage des „Boxer" nach dem Totalverlust der Famo-Werke duch die Fa. Rathgeber (1953)

Die luftgekühlte Herausforderung des zweiten großen Klassikers aller Raupenschlepper der Nachkriegszeit: Deutz-Raupe (F 6L 514) mit 90 PS

Hanomag-Großraupe K 90/K 90E, mit Planiereinrichtungen der Systeme „Menck" und „Frisch" auf jeder Großbaustelle anzutreffen (ab 1951-1968)

John Deere Lanz, Präsentation der „440 IC“ – hier mit Planierschild und seitlichem Ladekran (1965)

VEB-Traktorenwerke Brandenburg. Mit dem KS 07 wurde nach dem Kriege die Entwicklung von Raupenschleppern auf der konstruktiven Basis des „Rübezahl“ der Famo-Werke-Breslau erfolgreich fortgesetzt – zunächst mit einem Vierzylinder-Diesel-Motor mit 60 PS, der noch mit einer Benzinstart- und Andreh-vorrichtung versehen war (1952)

Der KS 30 mit „63-PS-Volldieselausstattung“ und einem modifizierten drehstabgefederten Pendelrollenlaufwerk lief als „Urtrac“ und Nachfolger des KS 07 von 1956 bis 1964 in Brandenburg vom Band

Der Zukunft voraus: Experimente mit elastischen Gleisbändern der VEB-Traktorenwerke Schönebeck an einer IFA-Raupe KS 06/60 mit 80 PS und geschlossener Fahrerkabine (Prototyp) eingerahmt von Raupenschlepper KS/07 und Radschlepper „Pionier" (Messe Leipzig 1952)

Anbauraupe, System Hülle mit Ritscher-Kette, unter den kritischen Augen von Landtechnikern in Völkenrode 1950

Kraft aus 100 PS: Gummigleisbandtraktor „Fortschritt ZT 320 GB" (Prototyp)

Lanz-„Kühler-Bulldog“ mit Anbauraupe

Ritscher-Anbauraupe am Ritscher-Schlepper 528

Prospekt Deutz-Ansteckraupe

Fendt-Schlepper mit Anbauraupe

Röhr-Schlepper mit Anbaugleiskettenband

Boliden der Neuzeit: Claas-Challenger 95 E, Gummiraupenschlepper mit „Mobil-trac-System“, 340 PS, Differentiallenkung, Heck- und Fronthydraulik…

… und Case-„STX Quadrac 375“, Knicklenker mit vier unabhängig aufgehängten Raupenlaufwerken, Cummings-Motor mit 375 PS aus 15 000 cm³ Hubraum, Gesamtgewicht 24 Tonnen

BATTENBERG

Raupen- und Radschlepper

Kombination Raupenschlepper-Radschlepper

Warum Raupe?

Bodenschonende Ackerarbeit!
Völliger Ersatz für Gespanne!

Ackerbestellung im Frühjahr sofort nach Schneeschmelze möglich

Grund: Der Bodendruck der Battenberg-Raupe ist nur ein Bruchteil derjenigen eines Radschleppers; außerdem entsteht beim Arbeiten kein Schlupf, bei dem bekanntlich ein Teil der Zugkraft in schädliche Bodenverdichtung umgesetzt wird.

Deshalb ist auch die unbedenkliche Verwendung der Battenberg-Raupe zum Drillen, Eggen und allen Pflegearbeiten (Hacken und Häufeln von Rüben und Kartoffeln) möglich.

Die große Bodenfreiheit erlaubt endlich auch das Pflügen in der Furche mit der Raupe.

Die Battenberg-Raupe kann mit wenigen Handgriffen in einen gewöhnlichen Radschlepper verwandelt werden, der alle Arbeiten eines solchen verrichtet.

Trotz der hohen Bodenfreiheit niedrige Schwerpunktslage; daher gute Standfestigkeit an Abhängen und gute Sicht.

Der Schlepper ist als Raupe und als Radschlepper kinderleicht zu fahren. Er wendet als Raupe auf der Stelle.

Ganz besonderer Wert wurde bei der Konstruktion der Gleiskette auf lange Lebensdauer gelegt, trotzdem bedingt sie keinerlei Wartung und Schmierung.

Sollten bei jahrelanger härtester Beanspruchung Schäden auftreten, so können billige Verschleißteile einfach ausgewechselt werden.

Technische Daten:	Gr. 1	Gr. 2
Motor: Diesel	14 PS	18 PS
Drehzahl	1500	1500
Takt	2	4
Zylinder	1	2

	Gr. 1	Gr. 2
Kühlung:	Wärmeumlauf	Umlaufpumpe
Kupplung	Einscheiben-Trocken	Fichtel & Sachs
Getriebe	ZF	4 Gang
	Höchstgeschwindigkeit	16 km
	Geringstgeschwindigkeit	bei 1500 2,8 km
	Geringstgeschwindigkeit	bei 1000 1,9 km

Elektrische Ausrüstung: Bosch 6 Volt

Luftreifen: Vorn u. hinten gleich 6,00 × 16

Gewichte: ohne Raupe ca. 1000 kg — mit Raupe ca 1400 kg

Bodendruck: Auf 1 qcm 240 gr

Maße: Radstand 1450 — Spurweite 1250 — Bodenfreiheit 350

Lenkung für die Raupe: Lenkbremse, einfach nachstellbar.

Lenkung für den Radschlepper: „Fulmina"-Schlepperlenkung.
Anhängeschiene über die ganze Breite.
Der Schlepper ist für Anhänge- und Anbaugeräte eingerichtet.

Schlepperpreis: (14 PS Motor) **DM 6250.—** (18 PS Motor) **DM 6800.—**

H. Battenberg/Bäumenheim/Bayern

HOFMANN-DRUCK AUGSBURG

DEUTZ

Diesel-Raupenschlepper

luftgekühlt

60 PS

stark / sicher / bodenschonend

Trotz der in den letzten Jahren erzielten Reifenprofilverbesserungen für Radschlepper und der damit verbundenen Erhöhung der Zughakenkraft, ist heute ein Raupenschlepper für die Land- und Forstwirtschaft keinesfalls entbehrlich. Überall dort, wo besondere, schwierige Einsatzbedingungen vorliegen oder hohe Anforderungen gestellt werden, zeigt ein Raupenschlepper seine hohe Überlegenheit gegenüber Radschleppern:

- **auf druckempfindlichen Böden** durch geringen Bodendruck der breiten, langen Ketten (ca. $^1/_4$ bis $^1/_5$ des Bodendruckwertes gleich starker Radschlepper).
- **auf schweren, schlüpfrigen Böden** durch sichere Kraftabstützung, ohne einen die Bodenstruktur schädigenden Schlupf.
- **auf Moorböden** durch sicheren Zug mit extra breiten Moorketten, ohne Einsinken oder Durchbrechen des Schleppers.
- **im Dienste der Landeskultur** durch hohe Zughakenkräfte für schwere Spezialgeräte, wie zum Beispiel Tiefkultur-, Rigol- oder Grabenpflüge.
- **in der Forstwirtschaft** durch beste Geländegängigkeit und hohe Kraft am Zughaken oder am Seil der Seilwinde, zum Beispiel beim Stubbenroden oder Stämmerücken.
- **und überall dort, wo die Zeit drängt** durch große Flächenleistungen mit schweren, breiten Arbeitsgeräten bei Unabhängigkeit von Witterungseinflüssen.

In der ganzen Welt haben sich DEUTZ-Raupenschlepper durch ihre besonderen Merkmale bewährt:

- Das lange Laufwerk ergibt eine hohe Zughakenleistung und eine günstige Schwerpunktlage.
  Die Kette wird gebildet aus gesenkgeschmiedeten Stegen, in die Bolzen und Buchsen derart eingepreßt sind, daß sich eine Labyrinthdichtung ergibt, was mit zu ihrer langen Lebensdauer beiträgt.
  Die Laufplatten sind auswechselbar aufgeschraubt.
- Das in einem stabilen Hohlkastenträger gelagerte Laufwerk pendelt um die Antriebsachse und ist seitenstarr geführt. Die Belastung ist dabei gleichmäßig, und vorzeitiger Verschleiß einzelner Teile wird vermieden.
- Zwei einfache Lenkkupplungen ermöglichen ein leichtes und genaues Lenken. Komplizierte Lenkdifferentiale entfallen. Ohne Verminderung der Zugkraft kann der Schlepper auf der Stelle wenden.
- Das Zugpendel ist im Schwerpunkt des Schleppers angelenkt. Höchste Zugleistungen bei schweren Anhängegeräten schließen damit eine ungünstige Nebenwirkung auf die Lenkung aus und ermöglichen einen engen Kurvenradius.

Ein guter Schlepper besteht nicht aus PS allein;
Qualität zeigt sich in den Einzelheiten!

- Der Schlepper kann mit Ketten verschiedener Breite ausgerüstet werden und paßt sich damit den besonderen Einsatzbedingungen an.
- Der luftgekühlte DEUTZ-Dieselmotor ist robust, temperaturunempfindlich und springt auch bei starkem Frost sofort an. Niedriger Kraftstoffverbrauch und geringer Verschleiß zeichnen den Motor aus.

Technische Daten

Motor: Luftgekühlter Vierzylinder-Viertakt-Dieselmotor F 4 L 514, 60 PS, Bohrung 110 mm, Hub 140 mm, Hubvolumen 5322 cm³, Drehzahl 1650 U/min, Wirbelkammer Bauart DEUTZ-l'Orange, Leichtmetallkolben, Druckschmierung, Bosch-Einspritzpumpe, Ölbadluftfilter mit Vorabscheider und Staubsammler, Einscheibentrockenkupplung.

Geschwindigkeiten:

1. Gang	vorwärts	2,8 km/h
2. Gang	vorwärts	3,6 km/h
3. Gang	vorwärts	4,5 km/h
4. Gang	vorwärts	6,0 km/h
5. Gang	vorwärts	7,5 km/h
1. Gang	rückwärts	3,6 km/h
2. Gang	rückwärts	4,6 km/h
3. Gang	rückwärts	5,8 km/h

Zughakenkräfte:

1. Gang	5420 kg
2. Gang	4340 kg
3. Gang	3280 kg
4. Gang	2510 kg
5. Gang	1906 kg

Marburg-Test 119:

a) Dauerleistung bei Normalzustand	65,6 PS
b) Riemenscheibenleistung bei Normalzustand	60,5 PS
c) Zugleistung	51,8 PS

Lenkung: mittels zweier Lenkkupplungen

Bremsen: 2 Fußbremsen zur Unterstützung der Lenkung, Handhebel-Feststellbremse.

Laufwerk: je Seite: 4 Laufräder, 1 Stützrad und 35 Kettenglieder, Kettenbreite (normal): 350 mm oder 400 mm, Kettenbreite (Größtmaß bei Normalspur): 460 mm. Kettenbreite (Moorspur): 600 mm. Laufradkasten: Aus Stahlblech in einem Stück gepreßt.

Spurweite, von Mitte zu Mitte Kette: Normalausführung: 1520 mm. Moorspur: 1660 mm.

Betriebsfertiges Gewicht: bei Kettenbreite 350 mm etwa 5570 kg, bei 400 mm etwa 5635 kg, bei 460 mm etwa 5710 kg, bei 600 mm etwa 6270 kg.

Bodendruck: bei Kettenbreite 350 mm 0,435 kg/cm², bei 400 mm 0,38 kg/cm², bei 460 mm 0,338 kg/cm², bei 600 mm 0,285 kg/cm².

Kleinster Wenderadius: 2250 mm.

Höhe der unteren Anhängevorrichtung: auf fester Straße: 338 oder 433 mm, bei voll eingesunkenen Greifern: 290 oder 385 mm.

Höhe der oberen Anhängevorrichtung: 765 mm.

Bodenfreiheit: bei voll eingesunkenen Greifern ca. 300 mm.

Pendelachse: als Blattfeder ausgebildet.

Länge des Schleppers: 3585 mm.

Breite: bei Kettenbreite 350 od. 400 mm 1954 mm, bei 460 mm 1980 mm, bei 600 mm 2260 mm.

Höhe: auf fester Straße bis Oberkante Auspuff: 2185 mm.

Kraftstoffverbrauch: etwa 6–7 l/h im Jahresdurchschnitt für sämtliche in der Landwirtschaft vorkommenden Arbeiten.

Kraftstoffvorrat: 108 Liter.

Schmierölvorrat im Motor: 11 Liter.

Elektrische Anlage: Lichtmaschine 200 W 12 V, Anlasser 4 PS 24 V, 2 Batterien 12 V zu je 105 Ah, 2 Scheinwerfer vorn, mit Fern-, Abblend- und Standlicht, 1 Scheinwerfer hinten (auf Wunsch), 2 Schlußlichter mit Kennzeichenleuchte, je eine Steckdose für Anhängerbeleuchtung und Handlampe, 1 Signalhorn, 1 Fernthermometer mit akustischer Warnvorrichtung.

Straßenschuhe: 46 Stück.

Sonderzubehör (gegen Mehrpreis): Antriebswelle für Sondergeräte: im Lenkkupplungsgehäuse eingebaut, 1650 U/min, Zapfwelle mit Untersetzungsgetriebe 540 U/min, Riemenscheibenantrieb, Seilwinde mit etwa 100 m Seil, 16 mm Durchmesser, verschließbare Motorseitenbleche, Kettenschutzbleche gegen Eindringen von Schmutz und Geröll, Fahrerstandheizung, Wetterdach mit Seitenteilen, Windschutz, Segeltuch-Abdeckung, Betriebsstundenzähler.

Arbeitsleistungen (pro Stunde):

Tiefpflügen:	30–35 cm	ca. 0,8 ha	Grubbern:	ca. 2,6 ha
Saatpflügen:	20–25 cm	ca. 1,0 ha	Scheibeneggen:	ca. 4,0 ha
Schälen:	8–12 cm	ca. 2,2 ha		

Höchstzulässige Bruttoanhängelast: etwa 30 t

Abbildungen, Maße und Gewichte sind unverbindlich
Änderungen vorbehalten

KLÖCKNER-HUMBOLDT-DEUTZ AG · KÖLN

Verkaufstellen in Berlin / Dortmund / Frankfurt / Hamburg / Hannover / München
Nürnberg / Stuttgart / Köln (West)

vertreten durch:

Der Deutz-Raupenschlepper ist auch mit Seilwinde lieferbar

60PS
DEUTZ
RAUPEN-
SCHLEPPER
mit luftgekühltem
Dieselmotor
DEUTZ
DEUTZ

Der neue
DEUTZ
60 PS Raupenschlepper
Der eigene Schienenstrang des DEUTZ-Raupenschleppers

Große Zugleistung -

In den letzten vier Jahrzehnten werden von der Landwirtschaft in steigendem Maße höhere Ansprüche an die Schlepperindustrie gestellt. Die rapid wachsende Bevölkerung der Erde, der ständig steigende Bedarf an Nahrungsmitteln, der immer lauter werdende Wunsch nach Maschinen größerer Leistung, bodenschonender Bearbeitung und größerer Wirtschaftlichkeit stellen die Traktorenfirmen vor immer neue Aufgaben.

geringer Bodendruck

Das Bestreben der Firma DEUTZ war von je her, der Landwirtschaft moderne, leistungsfähige und wirtschaftliche Motoren und Zugmaschinen zu liefern; sie alle haben sich im Laufe der Jahrzehnte als bewährte Freunde des Landwirts erwiesen. Im Verfolg dieser 90-jährigen Tradition bringen wir jetzt unseren neuen 60 PS Kettenschlepper heraus, der für besonders schwere Böden und überdurchschnittliche Zugleistungen bestimmt ist. Auch er zeichnet sich durch die bekannte DEUTZ-Qualität, durch große Zugleistung, Wirtschaftlichkeit und selbstverständlich auch durch die inzwischen in über 200 000 Zylindereinheiten unter den schwersten Arbeitsbedingungen in den meisten Ländern der Erde glänzend bewährte DEUTZ- Luftkühlung aus.

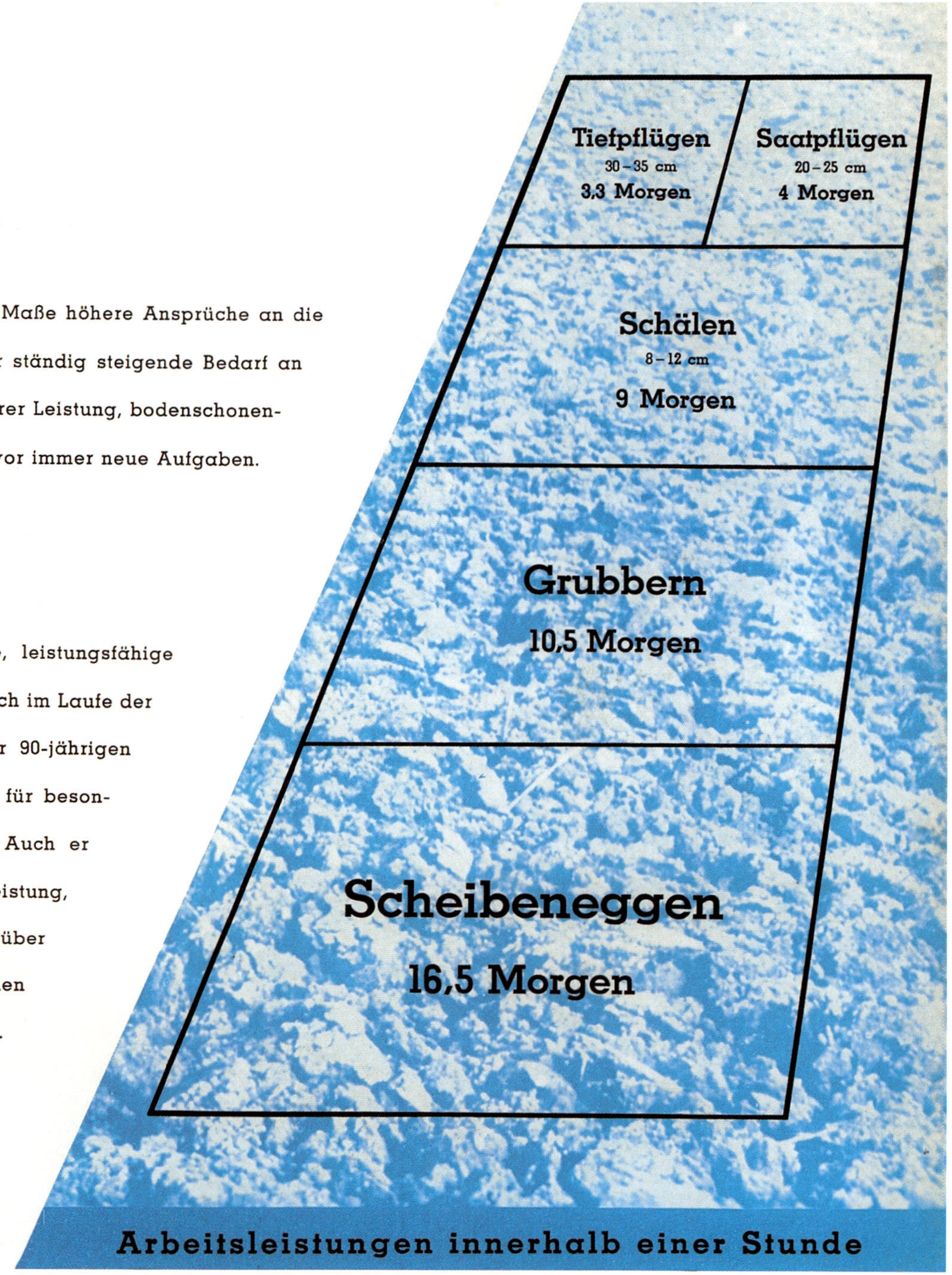

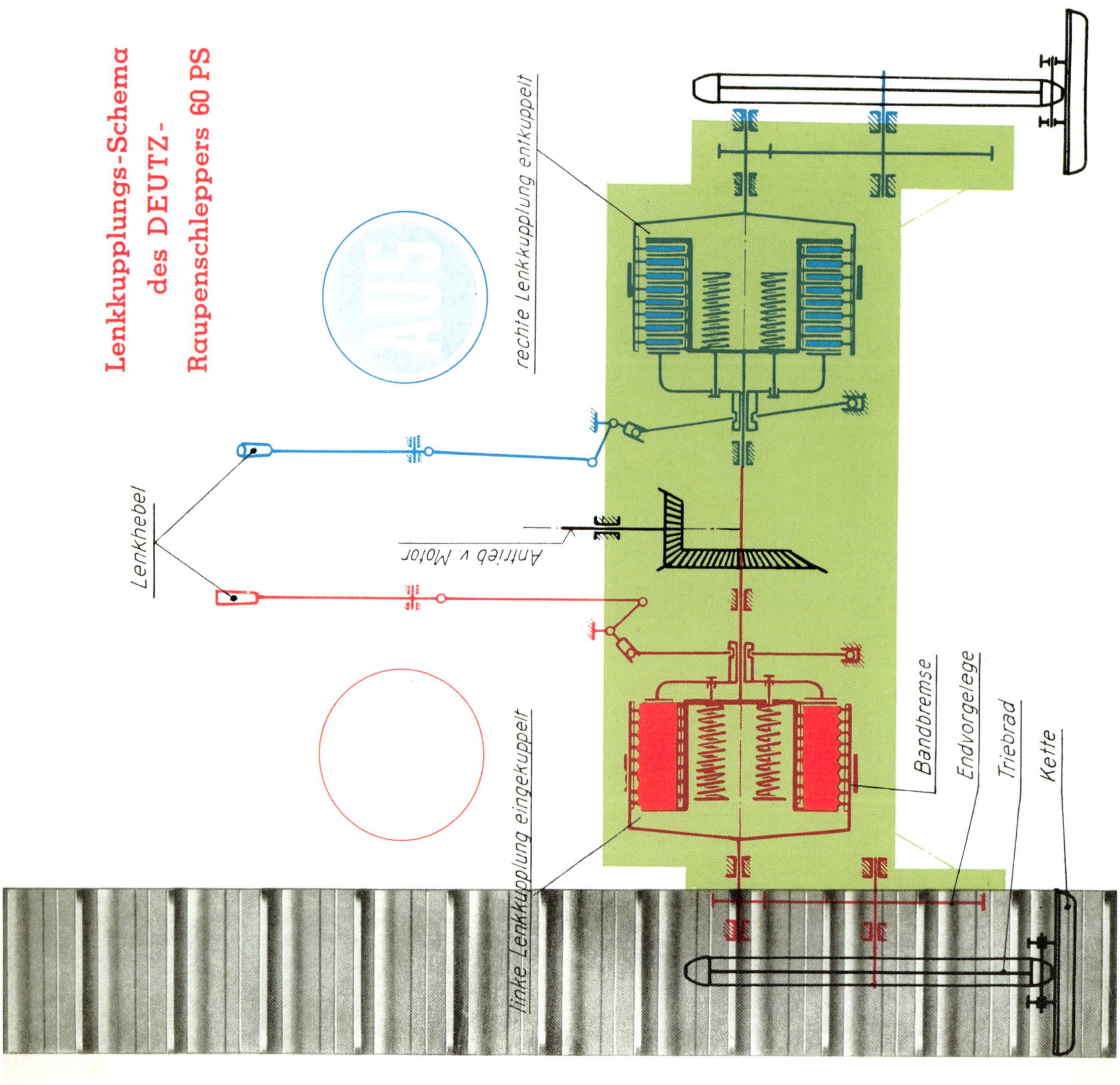

Lenkkupplungs-Schema des DEUTZ-Raupenschleppers 60 PS

Weitere Vorzüge des luftgekühlten Motors sind sofortiges Anspringen auch bei starkem Frost sowie geringer Kraftstoffverbrauch. ✳ Das Ansaugen staubfreier Luft wird durch einen Ölbadfilter mit Vorabscheider und Staubsammler gewährleistet. ✳ Die Kraft des Motors wird auf das Getriebe durch eine reichlich bemessene Einscheibentrockenkupplung übertragen, die mit einer Kupplungsbremse versehen ist, um die Getriebeschaltzeiten zu verkürzen. ✳ Das Schaltgetriebe ist von besonders kräftiger Ausführung und bietet nur geringe Verschleißmöglichkeiten. ✳ 5 Vorwärts- und 3 Rückwärtsgänge ermöglichen die günstigen Geschwindigkeiten für alle Arbeitsverhältnisse und lassen die wirtschaftlichsten Ausnutzungen der verlangten Zughakenkräfte zu. ✳ Von besonderer Bedeutung ist bei einem Kettenschlepper das Lenksystem. Der DEUTZ-Kettenschlepper ist mit 2 robusten Lenkkupplungen ausgerüstet; die Lenkung erfolgt spielend leicht und ohne Ermüdung des Fahrers durch Lenkhebel. Dieses Lenksystem ermöglicht das Drehen des Kettenschleppers auf der Stelle, was sich besonders günstig bei kleinem Vorgewende und bei Arbeiten in der Forstwirtschaft auswirkt. ✳ Das Laufwerk des DEUTZ-Kettenschleppers, das für größte Beanspruchung konstruiert ist, gewährleistet eine lange Lebensdauer. ✳ Die Kettengliedstege sind aus hochwertigem Material im Gesenk geschlagen und hoch vergütet bzw. gehärtet. ✳ Die Laufplatten sind leicht auswechselbar. Bolzen und Buchsen sind aus legiertem Material gefertigt und glashart gehärtet. Durch verlängerte Buchsen wird das Eindringen von Schmutz zwischen Bolzen und Buchsenbohrung verhindert und dadurch der Verschleiß auf ein Mindestmaß herabgesetzt. ✳ Die im Kettenlaufwerk vorhandenen Lauf- und Leiträder sind in verschleißfesten Büchsen gelagert und durch eine einwandfrei wirkende Abdichtung sicher geschützt. Die pendelnd an der Achse aufgehängten Laufradkästen, die das gesamte Fahrwerk des Kettenschleppers enthalten, werden auch bei größten Beanspruchungen im unwegsamen Gelände gut geführt und stets parallel zur Längsachse des Schleppers gehalten. ✳ Für verschiedene Arbeits- und Bodenverhältnisse kann der DEUTZ-Kettenschlepper mit Ketten von 350 mm, 460 mm und 600 mm Breite sowie einer Normalspur von 1520 mm und einer Moorspur von 1660 mm ausgerüstet werden. ✳ Zapfwelle, Riemenscheibenantrieb, Seilwinde und Wetterdach sind auf Wunsch zusätzlich lieferbar. In einer Sonderausführung wird der DEUTZ-Kettenschlepper für die Bauwirtschaft auch als Planierraupe gebaut.

Warum Raupenschlepper?

Das Entscheidende jeder Schlepperkonstruktion ist deren Wirkungsgrad. Je höher der Prozentsatz der vom Motor erzeugten PS-Leistung ist, die am Zughaken zur Verfügung steht, desto leistungsstärker und wirtschaftlicher ist der Schlepper. Der Raupenschlepper schafft sich aufgrund seiner Gleisketten eine eigene, glatte Fahrbahn, wobei er eine große Bodenhaftung erzielt. Hierdurch ist es möglich, fast die gesamte vom Motor erzeugte PS-Leistung ohne wesentlichen Verlust durch Schlupf und andere Momente auf den Zughaken zu übertragen; für die Zugkraft steht dadurch eine hohe PS-Zahl zur Verfügung, die größte Arbeitsleistungen ermöglicht. Trotz der großen Bodenhaftung ist der Bodendruck infolge der großen Auflagefläche der Gleisketten außerordentlich gering; er ist ebenso niedrig wie der Druck eines Pferdehufes. Bodenunebenheiten, schwere moorastige oder lehmige Böden bereiten dem Kettenschlepper keinerlei Schwierigkeiten, da er in jedem Gelände leicht mit seinen 4 Laufrollen über die eigenen Geleise hinwegrollt.

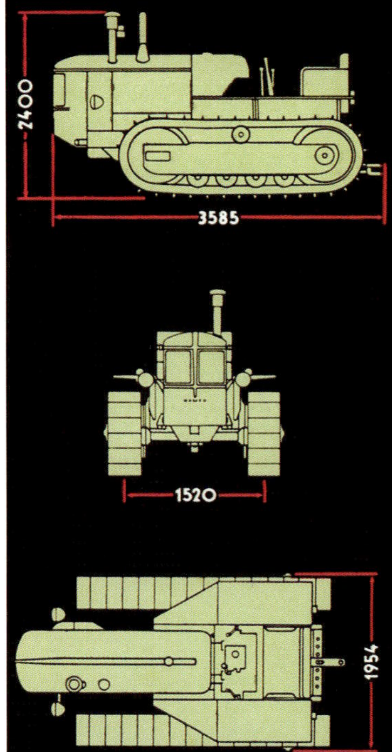

DEUTZ *Schlepper-programm*

11 15 30 42 50 60 60

Technische Daten / Ausführung für die Landwirtschaft

Motor:
Luftgekühlter Vierzylinder-Viertakt-Dieselmotor F4L 514 60 PS, Wirbelkammer Bauart DEUTZ-L'orange, Leichtmetallkolben, Druckschmierung, Bosch-Einspritzpumpe, Ölbadluftfilter, Einscheibentrockenkupplung. Bohrung 110 mm, Hub 140 mm, Hubvolumen 5322 cm³, Drehzahl 1650 U/min

Getriebe:

5 Vorwärtsgänge:	2,8 – 3,6 – 4,5 – 6,0 – 7,5 km/h
3 Rückwärtsgänge:	3,6 – 4,6 – 5,8 km/h

Zughakenkräfte:

Vorwärtsgänge:	4800 – 3700 – 3000 – 2300 – 1780 kg
Rückwärtsgänge:	3700 – 2900 – 2300 kg

Lenkung: mittels zweier Lenkkupplungen

Bremsen:
2 Fußbremsen zur Unterstützung der Lenkung,
1 Handhebel-Feststellbremse

Laufwerk:
Pro Seite: 4 Laufräder, 1 Stützrad und 35 Kettenglieder, Kettenbreite (normal): 350 mm. Kettenbreite (Größtmaß bei Normalspur): 460 mm. Kettenbreite (Moorspur): 600 mm. Laufradkasten: Aus Stahlblech in einem Stück gepreßt

Spurweite, von Mitte zu Mitte Kette:
Normalausführung: 1520 mm. Moorspur: 1660 mm

Betriebsfertiges Gewicht:
bei Kettenbreite 350 mm etwa 5400 kg, bei 460 mm etwa 5600 kg, bei 600 mm etwa 6100 kg

Bodendruck:
bei Kettenbreite 350 mm 0,42 kg/cm², bei 460 mm 0,33 kg/cm², bei 600 mm 0,275 kg/cm²

Kleinster Wenderadius: 2250 mm

Höhe der unteren Anhängevorrichtung:
auf fester Straße: 338 oder 433 mm
bei voll eingesunkenen Greifern: 290 oder 385 mm

Höhe der oberen Anhängevorrichtung:
765 mm

Bodenfreiheit:
bei voll eingesunkenen Greifern ca. 300 mm

Pendelachse: als Blattfeder ausgebildet

Länge des Schleppers: 3585 mm

Breite:
bei Kettenbreite 350 mm 1954 mm, bei 460 mm 1980 mm, bei 600 mm 2260 mm

Höhe:
auf fester Straße bis Oberkante Auspuff: 2400 mm

Kraftstoffverbrauch:
etwa 6–7 l/h im Jahresdurchschnitt für sämtliche in der Landwirtschaft vorkommenden Arbeiten

Kraftstoffvorrat: 108 Liter

Schmierölvorrat im Motor: 11 Liter

Elektrische Anlage:
Lichtmaschine 200 W 12 V, Anlasser 4 PS 24 V, 2 Batterien 12 V zu je 105 Ah, 2 Scheinwerfer vorn mit Fern-, Abblend- und Standlicht, 1 Scheinwerfer hinten (auf Wunsch), 2 Schlußlichter mit Kennzeichenleuchte, je 1 Steckdose für Anhängerbeleuchtung und Handlampe, 1 Signalhorn, 1 Fernthermometer mit akustischer Warnvorrichtung

Straßenschuhe: 46 Stück

Sonderzubehör: (gegen Mehrpreis)
Zapfwelle: im Lenkungskupplungsgehäuse eingebaut, 1650 U/min. Zapfwelle mit Untersetzungsgetriebe 540 U/min. Riemenscheibenantrieb. Seilwinde mit etwa 100 m Seil, 16 mm Durchmesser, Wetterdach

Arbeitsleistungen (pro Stunde):

Tiefpflügen:	30 – 35 cm	ca. 0,8 ha
Saatpflügen:	20 – 25 cm	ca. 1,0 ha
Schälen:	8 – 12 cm	ca. 2,2 ha
Grubbern:		ca. 2,6 ha
Scheibeneggen:		ca. 4,0 ha

Höchstzulässige Bruttoanhängelast:
ca. das 50-fache der Zughakenkraft

Abbildungen,
Maße und Gewichte sind
unverbindlich.

Vertreten durch:

KLÖCKNER-HUMBOLDT-DEUTZ AG · KÖLN

DEUTZ
Planier - Raupenschlepper
60 PS
DEUTZ
KLÖCKNER-HUMBOLDT-DEUTZ AG·KÖLN

TECHNISCHE DATEN

Ausführung für die Bauindustrie

Motor:
Luftgekühlter Vierzylinder-Viertakt-Dieselmotor F 4 L 514, 60 PS, Wirbelkammer Bauart DEUTZ-l'Orange, Leichtmetallkolben, Druckschmierung, Bosch-Einspritzpumpe, Ölbadluftfilter mit Vorabscheider und Staubsammler, Voith - Turbo - Kupplung, Einscheiben-Trockenkupplung, Bohrung 110 mm, Hub 140 mm, Hubvolumen 5322 cm³, Drehzahl 1650 U/min.

Leistung:
an der Riemenscheibe 55 PS
am Zughaken 49 PS

Lenkung:
mittels zweier Lenkkupplungen

Bremsen:
2 Fußbremsen zur Unterstützung der Lenkung,
Handhebel-Feststellbremse

Laufwerk:
je Seite 5 Laufräder, 1 Stützrad und 37 Kettenglieder, Kettenbreite 400 mm (normal), bzw. 420 mm und beim Frisch-Planiergerät = 460 mm, Stahlblech-Laufradkasten aus einem Stück gepreßt.

Zughakenkräfte:

	bei Motor-Nenndrehzahl	Höchstzughakenkraft bei max. Motor-Drehmoment
vorw. 1. Gang	2,8 km/h — 5290 kg	**5420 kg**
vorw. 2. Gang	3,6 km/h — 4120 kg	**4340 kg**
vorw. 3. Gang	4,5 km/h — 3250 kg	**3280 kg**
vorw. 4. Gang	6,0 km/h — 2390 kg	**2510 kg**
vorw. 5. Gang	7,5 km/h — 1850 kg	**1900 kg**
rückw. 1. Gang	3,6 km/h — 4120 kg	—
rückw. 2. Gang	4,6 km/h — 3200 kg	—
rückw. 3. Gang	5,8 km/h — 2500 kg	—

Spurweite, von Mitte zu Mitte Kette: 1520 mm

Betriebsfertiges Gewicht (ohne Planiergerät):
bei Kettenbreite 400 mm etwa 5820 kg
bei Kettenbreite 420 mm etwa 5850 kg
bei Kettenbreite 460 mm etwa 5920 kg

Bodendruck (ohne Planiergerät):
bei Kettenbreite 400 mm etwa 0,365 kg/cm²
bei Kettenbreite 420 mm etwa 0,35 kg/cm²
bei Kettenbreite 460 mm etwa 0,32 kg/cm²

Kleinster Wenderadius: 2250 mm

Höhe der unteren Anhängevorrichtung:
auf fester Straße: 435 mm umstellbar auf 338 mm
bei voll eingesunkenen Greifern: 385 mm umstellbar auf 290 mm

Bodenfreiheit:
bei voll eingesunkenen Greifern ca. 300 mm

Pendelachse: als Blattfeder ausgebildet

Länge: etwa 3450 mm

Breite:
bei Kettenbreite 400 mm oder 420 mm = 1955 mm
bei Kettenbreite 460 mm = 1980 mm

Höhe:
auf fester Straße bis Oberkante Auspuff: 2185 mm

Kraftstoffverbrauch:
5 — 6 l/h

Kraftstoffvorrat: 108 Liter

Schmierölvorrat im Motor: 11 Liter

Elektrische Anlage:
Lichtmaschine 200 W 12 V, Anlasser 4 PS 24 V, 2 Batterien 12 V zu je 105 Ah, 1 Scheinwerfer vorn, 200 mm ø, mit Fern-, Abblend- und Standlicht, 1 Scheinwerfer hinten, 130 mm ø, 1 Steckdose für Handlampe, 1 Signalhorn, 1 Fernthermometer mit akustischer Warnvorrichtung.

Sonderzubehör (gegen Mehrpreis):
Antriebswelle im Lenkkupplungsgehäuse eingebaut 1650 U/min für Sondergeräte; Riemenscheibenantrieb mit Riemenscheibe, Zapfwellenantrieb mit Zapfwelle, Segeltuch-Abdeckung, Seilwinde mit etwa 100 m Seil 16 mm ø, mittlere Seilkraft 7500 kg, mittlere Seilgeschwindigkeit 0,55 m/sec.; Wetterdach, Seitenteile zum Wetterdach, Windschutz vorn, 48 Straßenschuhe, Betriebsstundenzähler.

Beschreibung und Maße der Planiergeräte siehe Sonderblatt.

Technische Angaben, Maße und Gewichte sind unverbindlich.

KLÖCKNER-HUMBOLDT-DEUTZ AG · KÖLN

Das Schaltgetriebe ist von besonders kräftiger Ausführung und läuft im Vollölbad.

Von entscheidender Bedeutung ist bei einem Raupenschlepper das Lenksystem. Der Deutz-Raupenschlepper ist mit zwei robusten Lenkkupplungen ausgerüstet; das Lenken erfolgt spielend leicht und ohne Ermüdung des Fahrers durch Lenkhebel.

Das Laufwerk des Deutz-Raupenschleppers ist für größte Beanspruchungen und eine lange Lebensdauer konstruiert worden.

Die Kettengliedstege sind aus hochwertigem Material im Gesenk geschlagen und hoch vergütet bzw. gehärtet.

Die Laufplatten sind leicht auswechselbar. Die Bolzen und Buchsen sind aus legiertem Material gefertigt und oberflächen gehärtet. Durch verlängerte Buchsen wird das Eindringen von Schmutz zwischen Bolzen- und Buchsenbohrung verhindert und dadurch der Verschleiß auf ein Mindestmaß herabgesetzt.

Die Lauf- und Leiträder im Kettenlaufwerk sind in verschleißfesten Büchsen gelagert und durch eine einwandfrei wirkende Abdichtung sicher geschützt. Die an der Achse der Triebräder pendelnd aufgehängten Laufradkästen, die das gesamte Fahrwerk des Raupenschleppers enthalten, werden auch bei größten Beanspruchungen im unwegsamen Gelände gut geführt und stets parallel zur Längsachse des Schleppers gehalten.

Antriebswelle, Seilwinde, Wetterdach usw. sind auf Wunsch zusätzlich lieferbar.

In einer Sonderausführung wird der Deutz-Raupenschlepper auch als Landwirtschafts-Raupe gebaut.

DEUTZ
Raupen schlepper
DK 75 A
luftgekühlt
Für den Einsatz unter schwersten Bedingungen in der Land- und Forstwirtschaft, sowie im Baugewerbe.

Technische Daten

B = Bauraupe, BÜ = Überkopflader, BF = Frontlader

Motortyp	F4L 514
Zylinderzahl	4
Bohrung	110 mm
Hub	140 mm
Hubvolumen	5322 cm³
Drehzahl	1800 U/min
Leistung	65 PS
Arbeitsweise	Viertakt-Diesel mit DEUTZ-l'Orange-Wirbelkammer
Motorkupplung	1 Voith-Turbo-Kupplung und 1 Einscheiben-trockenkupplung mit Kupplungsbremse. (Bauraupe), bei Landraupe Schwungrad.
Getriebe	5 Vorwärtsgänge 2,8 - 3,5 - 4,4 - 5,9 - 7,5 km/h 3 Rückwärtsgänge 3,6 - 4,5 - 5,7 km/h
Zughakenkräfte vorwärts	6265 - 4670 - 3700 - 2765 - 2162 kg
rückwärts	5000 - 3580 - 2840 kg
Lenkung	mittels zweier Lenkkupplungen
Bremsen	2 Fußbremsen zur Unterstützung der Lenkung (davon 1 durch Handhebel feststellbar)
Laufwerk: Laufräder	5 je Seite **6 je Seite bei BF**
Stützräder	1 je Seite **2 je Seite bei BF**
Kettenglieder	37 je Seite **40 je Seite bei BF**
Kettenbreite	400 mm / 460 mm } nach Bedarf **(350 mm bei BF)**
Laufradkasten	Stahl-Blechkasten aus einem Stück gepreßt
Spurweite	1520 mm
Betriebsfertiges Gewicht (ohne Arbeitsgerät)	ca. 6200 kg bei Kettenbreite 400 mm ca. 6285 kg bei Kettenbreite 460 mm **ca. 6446 kg bei Kettenbreite 350 mm**

Kleinster Wenderadius	2250 mm
Höhe der Anhängevorrichtung auf fester Straße	435 mm, umstellbar auf 338 mm
Greifer voll eingesunken	385 mm, umstellbar auf 290 mm
Bodenfreiheit Greifer voll eingesunken	ca. 300 mm
Pendelachse	als Blattfeder ausgebildet **als Starrachse ausgebildet bei BF und BU**
Fahrzeuglänge	etwa 3450 mm
Fahrzeugbreite	1955 mm bei Kettenbreite 400 mm **1955 mm bei Kettenbreite 350 mm bei BF**
Höhe auf fester Straße bis Oberkante Auspuff	etwa 2300 mm
Steigfähigkeit	bis 45°
Kraftstoffvorrat	108 Liter
Schmierölvorrat im Motor	11 Liter

Elektrische Anlage 1 Lichtmaschine 200W 12V, Anlasser 4 PS 24 V, 2 Batterien 12 V zu je 105 Ah, 1 Scheinwerfer vorn 200 mm ⌀ mit Fern-, Abblend- und Standlicht, 1 Scheinwerfer hinten 130 mm ⌀, 1 Steckdose für Handlampe, 1 Signalhorn, 1 Fernthermometer mit akustischer Warnvorrichtung als Kontrolle für den Motor, Betriebsstundenzähler.

Bei BF zusätzlich im Lieferumfang enthalten: Kettenschutzbleche, verschließbare Motorseitenbleche.

Sonderzubehör (gegen Mehrpreis): Antriebswelle 1800 U/min für Sondergeräte. Riemenscheibenantrieb mit Riemenscheibe, Zapfwellenantrieb mit Zapfwelle, Segeltuch-Abdeckung, Seilwinde mit etwa 110 m Seil 16 mm ⌀ mittlere Seilgeschwindigkeit 0,6 m/sec, mittlere Seilkraft ca. 7500 kg, Wetterdach, verschließbare Motorseitenbleche, Kettenschutzbleche, Heizungsanlage, Laufschuhe für Straßenfahrt.

Änderungen im Zuge der Weiterentwicklung vorbehalten.

KLÖCKNER - HUMBOLDT - DEUTZ AG · KÖLN

Verkaufsstellen in:

Berlin · Dortmund · Frankfurt · Hamburg · Hannover · München · Nürnberg · Saarbrücken · Stuttgart · Köln

Überreicht durch:

MEILLER
PLANIERGERÄT
MEILLER
DEUTZ
DEUTZ
KLÖCKNER
Baumaschinen
AUF
DEUTZ
KETTENSCHLEPPER D 60 B

Das **Meiller-Planiergerät,** als **Schwenk-** und **Brustschildeinrichtung** lieferbar, im obigen Bild mit **Schwenkschild** dargestellt, ist nach den praktischen Erfahrungen der Bauindustrie konstruiert und trägt den Anforderungen Rechnung, die man heute auf einer modernen Baustelle an ein Planiergerät stellt. – In Anlehnung an die Erkenntnisse, die mit Planiergeräten in USA wie in Deutschland gemacht wurden, haben wir eine Planiereinrichtung in stabilster Ausführung bei möglichst geringem Eigengewicht entwickelt. Die hydraulischen Pressen, kardanisch gelagert, greifen direkt am Schubrahmen an. Dadurch werden Umlenkhebel und Schubstangen eingespart. Die Verstrebung des Schildes erlaubt dessen **räumliche Verstellung in jeder Richtung.** Neben dem **Schwenkwinkel** (± 25°) ist also auch der **Kippwinkel** (± 10°) und der **Schneidwinkel** (± 10°) einstellbar, wodurch das Schild jeweils genau den Bodenverhältnissen angepaßt werden kann und immer eine optimale Leistung erreicht. Die Schildform ist den neuesten Gesichtspunkten entsprechend mit nach oben abnehmender Krümmung ausgeführt. Die Schneiden aus verschleißfestem Manganstahl sind in 3 Stücke geteilt, so daß Eck- und Mittelstück extra ausgewechselt werden kann.

Für hohe Ansprüche und vielseitige Einsatzbedingungen sind folgende Kennzeichen der Meiller-Planiereinrichtung **entscheidend.**

1. Schildverstellung in 3 Richtungen rasch und mühelos
2. Kräftiger Schubrahmen mit Schildlagerung in Kugelgelenken
3. Große Hubgeschwindigkeit an der Schildschneide, die mit der Hubhöhe des Schildes automatisch zunimmt
4. An der Schildschneide 4000 kg Hubkraft (in Fahrebene gemessen)
5. 1000 mm Hubhöhe des Schildes über Planum und 300 mm unter Planum
6. Hydraulikanlage, deren Hubzylinder hartverchromte Kolbenstangen und Zylinderlaufflächen haben
7. Vollkommen freier Zugang zu Motor und Getriebe des Schleppers bei allen Wartungs- und Reparatur-Arbeiten
8. Unbehinderter Einstieg zum Fahrersitz
9. Große seitliche Schildüberhöhung, stufenlos einstellbar von 0-500 mm für die Ausführung von Schrägplanierungen und Böschungsarbeiten, sowie zum Anschneiden von Hängen
10. Die bewährte, betriebssichere **„Meiller"-Hydraulik.**

Schwenkwinkel-Verstellung (± 25°) durch einfaches Umstecken auf dem Schubrahmen. – **Schneidwinkel-Verstellung** (± 10°) durch Verlängerung bzw. Verkürzung der beiden oberen Schildstreben. – **Kippwinkel-Verstellung** (± 10°) (seitliche Überhöhung) nach Lösen der Klemmverbindung an den unteren Schildstreben, durch Verlängerung einer oberen Schildstrebe und Verkürzung der zweiten. – Mühelose, feinfühlige Steuerung des Planierschildes über einen vollkommen druckentlasteten Lenkschieber mit den 4 Schaltstellungen „Heben – Halten – Senken – Schleppen". – Steuerschieber und Ölbehälter bilden eine geschlossene Baueinheit. – Schutz der gesamten Hydraulikanlage gegen Überlastungen durch ein in das Steuerventil eingebautes Sicherheitsventil. – Ein Vollflußfilter mit kombinierter Sieb-Magnet-Filterung verhindert Störungen an der Hydraulikanlage.

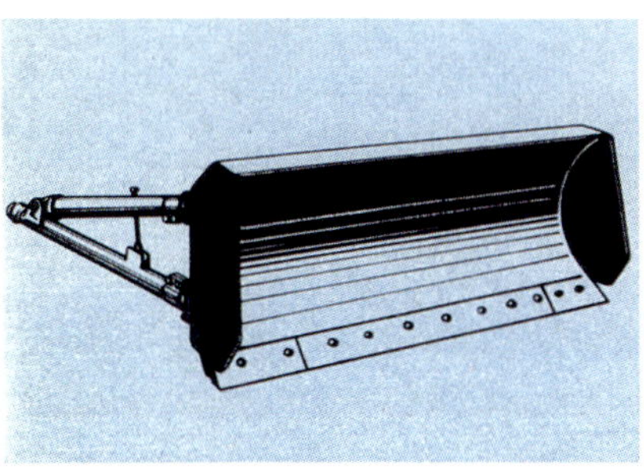

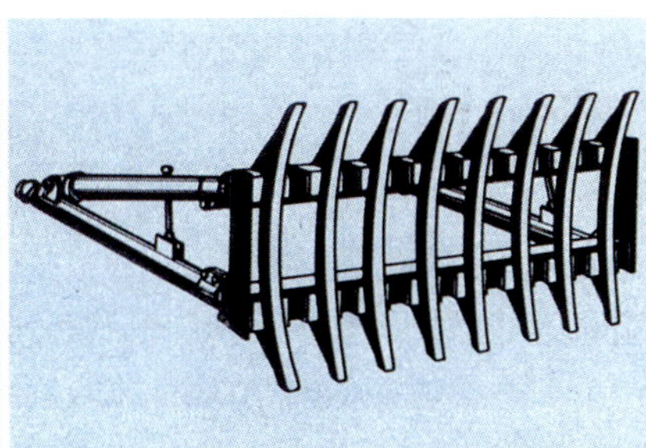

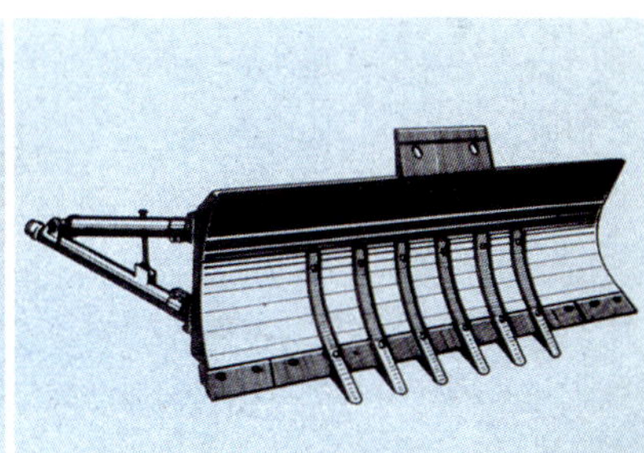

Austauschgeräte. Zu unserer Schwenkschild Planiereinrichtung liefern wir wahlweise, passend zum gleichen Schubrahmen ein **Austausch-Brustschild,** einen **Austausch-Wurzelrechen,** sowie **Aufreißer-Zähne** zum Aufschrauben auf die Planierschilde. Ein vollhydraulischer **Meiller-Heckaufreißer,** kann an der Lenkkupplungsgehäuserückwand montiert werden. Die Bedienung desselben erfolgt über den Steuerschieber des Planiergerätes nach vorherigem Umschalten des Hydraulikstromes.

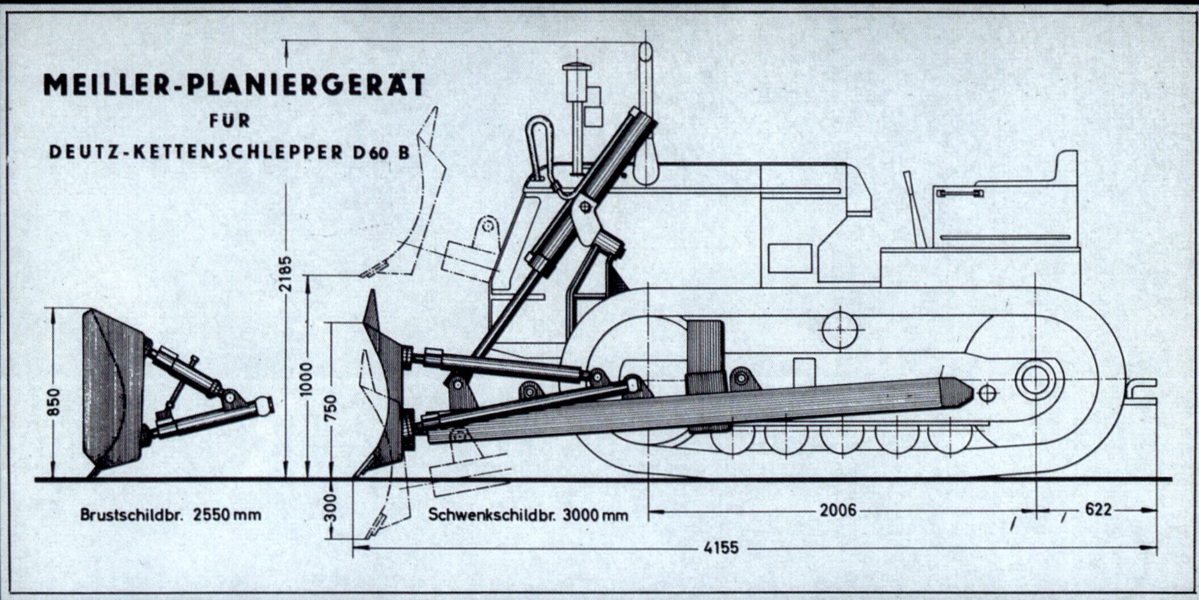

TECHNISCHE DATEN

Meiller-Planiergerät.

Schwenkschildeinrichtung-Angledozer Typenbezeichnung: 500 S D 60

Länge über alles:	4155 mm
Höhe über alles:	2185 mm
Schildbreite:	3000 mm
Schildhöhe:	750 mm
Schwenkwinkel:	25 °
Seitl. Überhöhung (Kippwinkel)	0-500 mm
Schneidwinkel:	50 ° verstellbar um ± 10 °
Hubhöhe über Planum:	1000 mm
Hubhöhe unter Planum:	300 mm
Hubgeschwindigkeit (in Fahrebene gemessen)	0,22 m/sek.
Hubkraft (in Fahrebene gemessen)	4000 kg
Arbeitsbreite bei quergestelltem Schild:	3000 mm
Arbeitsbreite bei schräggestelltem Schild:	2720 mm
Gesamtgewicht (Raupe + Planiergerät)	7470 kg
Bodendruck: a) bei 400 mm Kettenbreite	0,45 kg/cm²
b) bei 460 mm Kettenbreite	0,40 kg/cm²

Brustschildeinrichtung-Bulldozer Typenbezeichnung: 500 B D 60

Länge über alles:	4180 mm
Höhe über alles:	2185 mm
Schildbreite-Arbeitsbreite:	2550 mm
Schildhöhe:	850 mm
Seitl. Überhöhung	0-400 mm
Schneidwinkel:	50 ° verstellbar um ± 10 °
Hubhöhe, Hubgeschwindigkeit und Hubkraft genau wie bei der Schwenkschildeinrichtung	
Gesamtgewicht (Raupe + Planiergerät)	7400 kg

Hydraulikanlage: (gleich für beide Ausführungen)

Förderleistung der Hydraulikpumpe:	70 ltr/min
Max. Arbeitsdruck	100 atü
Inhalt des Hydraulikölbehälters:	90 Ltr.

Druckzylinder:
2 Stück doppeltbeaufschlagte Druckzylinder mit hartverchromten Kolbenstangen

Steuerorgan:

Vollkommen druckentlasteter Längsschieber in Blockbauweise mit 4 Schaltstellungen und Federrückstellung, Schleppstellung rastet ein.

Ölfilter: Kombiniertes Sieb-Magnet-Durchlauffilter.

Deutz-Kettenschlepper D 60 B

Motor:

Art und Arbeitsweise:	Deutz Diesel F 4 L 514 Viertakt
Leistung:	60 PS bei 1650 U/min
Anzahl der Zylinder:	4
Bohrung:	110 mm
Hub:	140 mm
Hubraum:	5322 cm³
Schmiersystem:	Druckumlaufschmierung
Schmieröldruck min. bei warmen Motor:	0,7 atü b. Leerlauf (450-500 U/min.)
Schmierölreinigung:	Spaltfilter
Kühlsystem:	Luftkühlung der Gebläse
Anlasser:	Bosch BNG 4/24 CRS 163
Lichtmaschine:	Bosch LJ/GK 200/12-1350 R 11
Batterie:	2 Batterien á 105 Ah, 12 v

Fahrwerk:

je Seite:: 1 Leitrad, 6 Laufrollen, 1 Stützrolle

Spurweite:	1520 mm	
Kettenbreite:	400 mm	b. z. w. 460 mm
Auflagefläche:	16500 cm²	b. z. w. 19000 cm²
Geringste Bodenfreiheit	300 mm	
Laufrollenrahmen:	gepreßtes Profil	

Geschwindigkeiten und Zughakenkräfte:

1 Gang vorwärts	2,8 km/h	5290 kg
2 Gang vorwärts	3,6 km/h	4120 kg
3 Gang vorwärts	4,5 km/h	3250 kg
4 Gang vorwärts	6,0 km/h	2390 kg
5 Gang vorwärts	7,5 km/h	1850 kg
1 Gang rückwärts	3,6 km/h	
2 Gang rückwärts	4,6 km/h	
3 Gang rückwärts	5,8 km/h	

Füllmengen:

Kraftstoffbehälter	(Dieselkraftstoff) 108 Ltr.

MEILLER

F·X·MEILLER·FAHRZEUG- U. MASCHINENFABRIK·MÜNCHEN 19

FERNRUF 63421 · FERNSCHREIBER 052 · 3953 DRAHTWORT: MEILLERWERKE GEGR 1850

KLÖCKNER Baumaschinen

KLÖCKNER & CO.

ABT. BAHNBEDARF / BAUMASCHINEN

FRANKFURT KÖLN HANNOVER **DUISBURG** NÜRNBERG MÜNCHEN STUTTGART

KLÖCKNER Baumaschinen

672 — 457

DEUTZ

DEUTZ
DEUTZ

DEUTZ

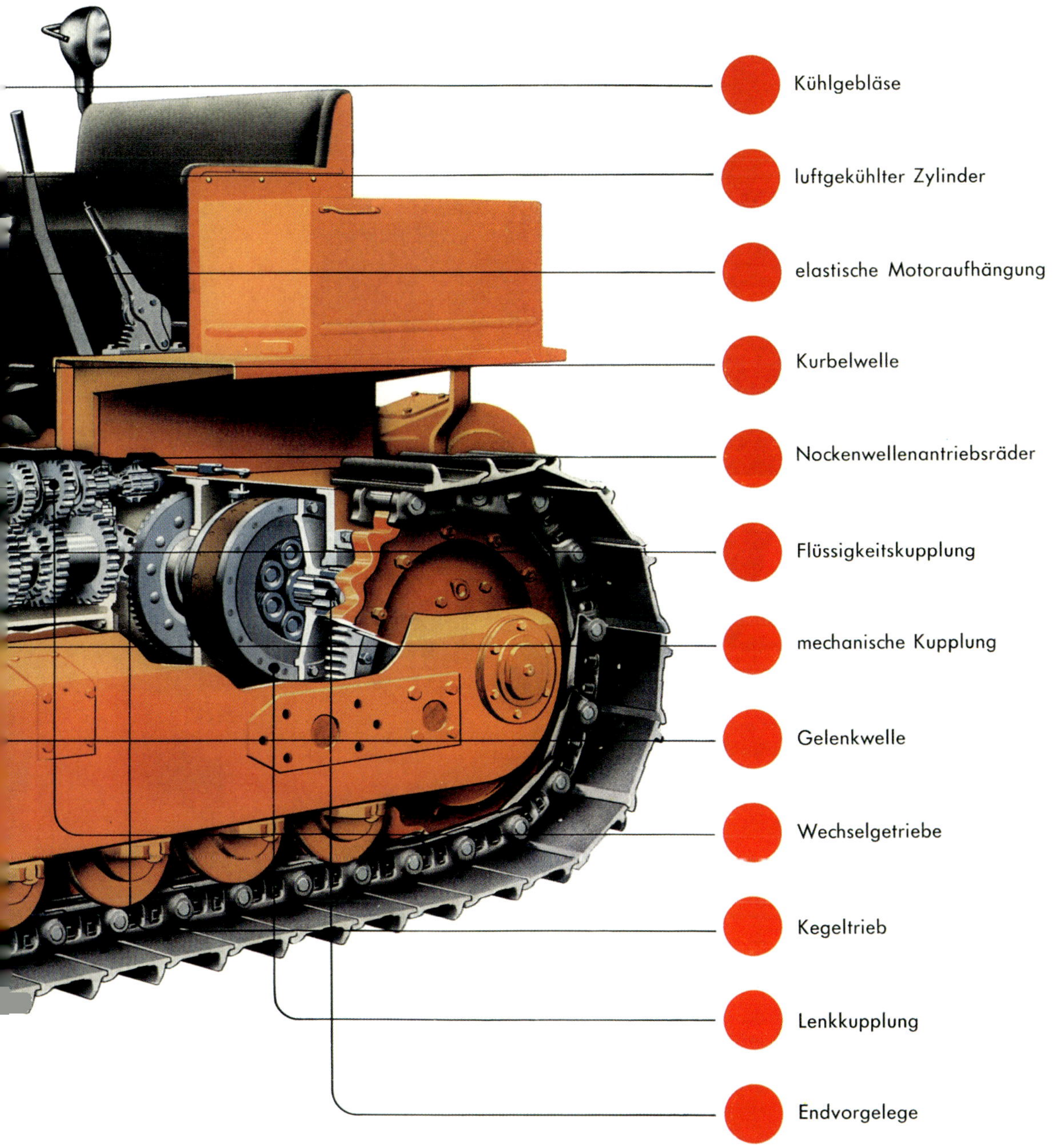
Kühlgebläse
luftgekühlter Zylinder
elastische Motoraufhängung
Kurbelwelle
Nockenwellenantriebsräder
Flüssigkeitskupplung
mechanische Kupplung
Gelenkwelle
Wechselgetriebe
Kegeltrieb
Lenkkupplung
Endvorgelege

DEUTZ

Motor

luftgekühlt

Luftkühlung verhindert Korrosion . . .

durch Vermeidung des schädlichen Kaltfahrens.
Bei der Frage ob Wasser- oder Luftkühlung sollte die Gefahr der Korrosion nicht unterschätzt werden. Wasser verdampft schon bei 100 Grad Celsius; fördert den Niederschlag der im Kraftstoff enthaltenen Schwefelbestandteile an den Zylinderwänden, daraus folgend: Zersetzung des Schmieröls und Verschleiß der Zylinderrohre durch Korrosion. Schnell erreichte, günstigere Zylinderwandtemperaturen, wie sie die Luftkühlung schafft, schalten diese Schadensquellen fast völlig aus. Die DEUTZ-Luftkühlung führt die jeweils erforderliche Kühlluftmenge an alle hitzegefährdeten Stellen des Motors, einschließlich der Einspritzdüsen und des Ölkühlers. Startfreudigkeit selbst bei Außentemperaturen bis minus 20 Grad, schnelle Betriebswärme, deshalb kraftstoffsparend und ölschonend; überhitzungssicher selbst bei Außentemperaturen bis plus 60 Grad.

. . . deshalb luftgekühlt

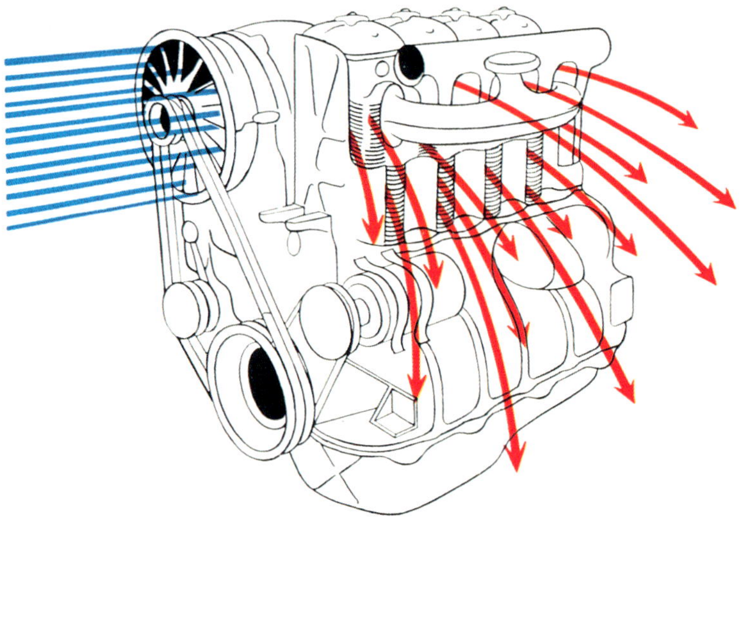

KLÖCKNER Baumaschinen

Rund eine Million luftgekühlter Zylindereinheiten arbeiten zuverlässig in aller Welt unter allen nur denkbaren Betriebsbedingungen unermüdlich und wirtschaftlich.

Der luftgekühlte DEUTZ-Motor in der Raupe ist gedrosselt, das bedeutet wesentlich erhöhte Lebensdauer bei großer Leistungserhöhung.

Die rationelle Serienfertigung im Baukastenprinzip sichert schnelle und preisgünstige Bereitstellung aller Ersatzteile. Größte Wirtschaftlichkeit durch vereinfachte Wartung.

Kupplungen

Durch serienmäßigen Einbau einer **Flüssigkeitskupplung** zwischen Motor und **Motorkupplung** (Trockenkupplung) werden alle Antriebsorgane der DEUTZ-Raupe geschont.

V o r t e i l :
Weiches Anfahren, leichtes Schalten, kein Abwürgen des Motors, Schonung des Getriebes auch bei schlagartiger Überbeanspruchung.
Durch gute Zugänglichkeit leichtes Nachstellen der Motorkupplung.

Die Lenkung der Raupe erfolgt durch **zwei Lenkkupplungen** – als Lamellenkupplungen ausgebildet –, die aus einem verschleißfesten Sintermetall bestehen.

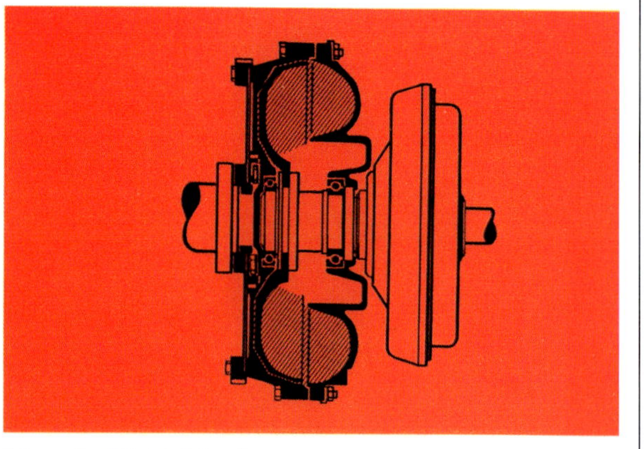

Schema der Flüssigkeitskupplung

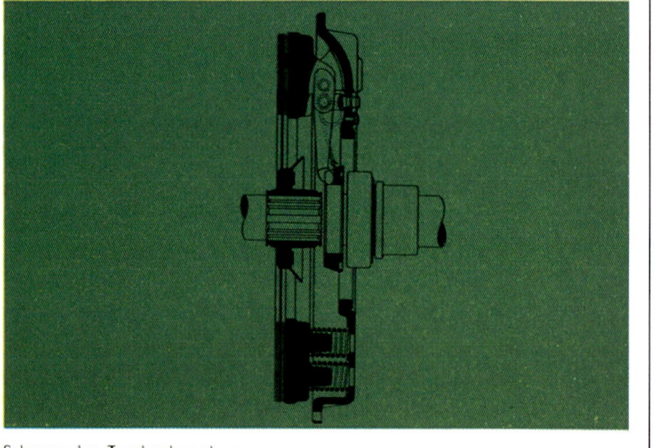

Schema der Trockenkupplung

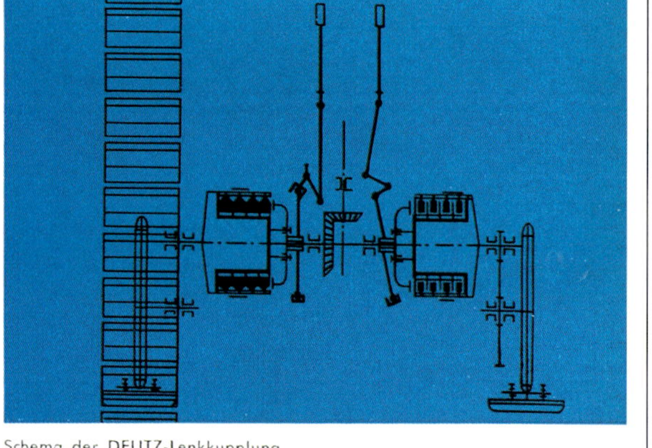

Schema der DEUTZ-Lenkkupplung

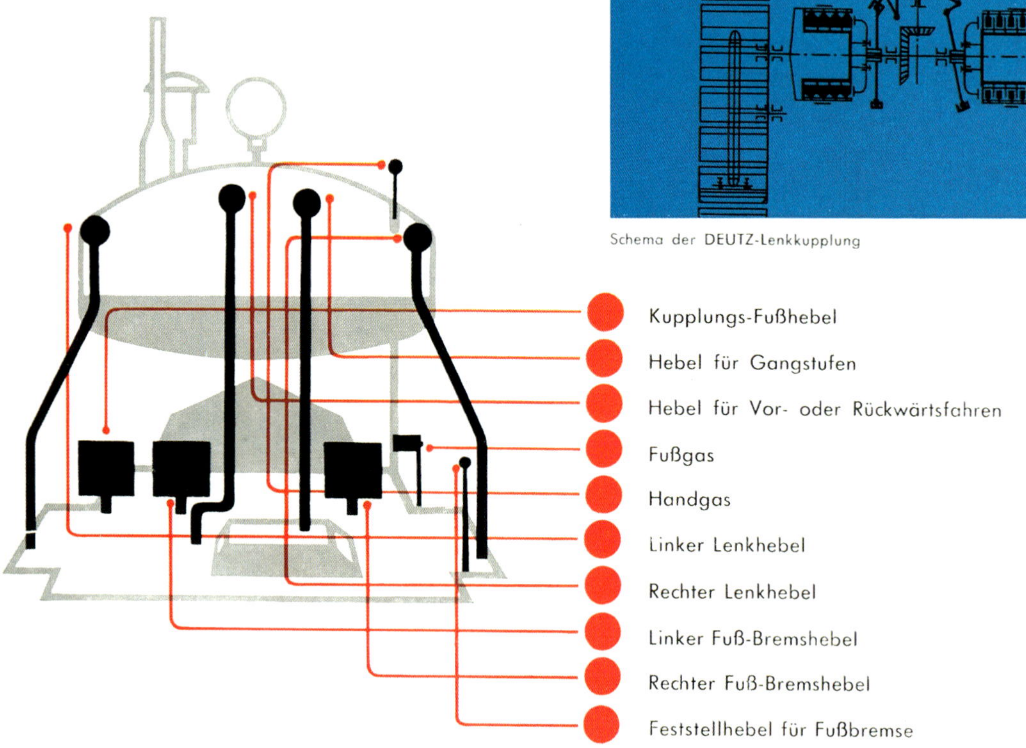

DEUTZ

Getriebe · Antrieb

Durch günstige **Getriebeabstufung** (fünf Geschwindigkeiten vorwärts, drei bzw. vier Geschwindigkeiten rückwärts) wird für jeden Einsatz die rationellste Arbeitsgeschwindigkeit erreicht. Alle Getriebeteile sind einsatzgehärtet und daher besonders verschleißfest.

Das **Endvorgelege** besitzt zwei voreinander angeordnete Gleitring-dichtungen (axial dichtend), die einen Dauereinsatz im morastigen Gelände und eine große Watfähigkeit ermöglichen.

Die Zweiteilung des **Zahnkranzes** ermöglicht seine Auswechslung ohne Demontage des Laufradkastens. Das bedeutet Zeit- und Kostenersparnis.

Das Umschalten von Vor- auf Rückwärtsfahrt erfolgt durch Bedienung **eines** Schalthebels. Die Geschwindigkeit der Rückwärtsfahrt erhöht sich automatisch ohne weitere Schaltvorgänge, das bedeutet Steigerung der Leistung durch verkürzte Rückfahrzeiten ohne komplizierte Schaltvorgänge.

Schaltschema der DEUTZ-Raupe

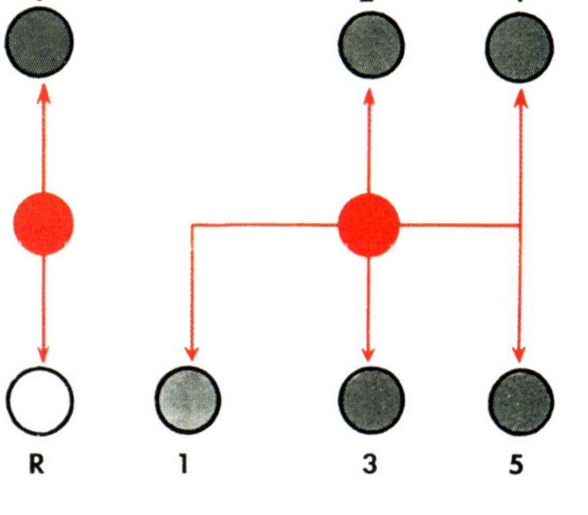

DEUTZ

Rahmen

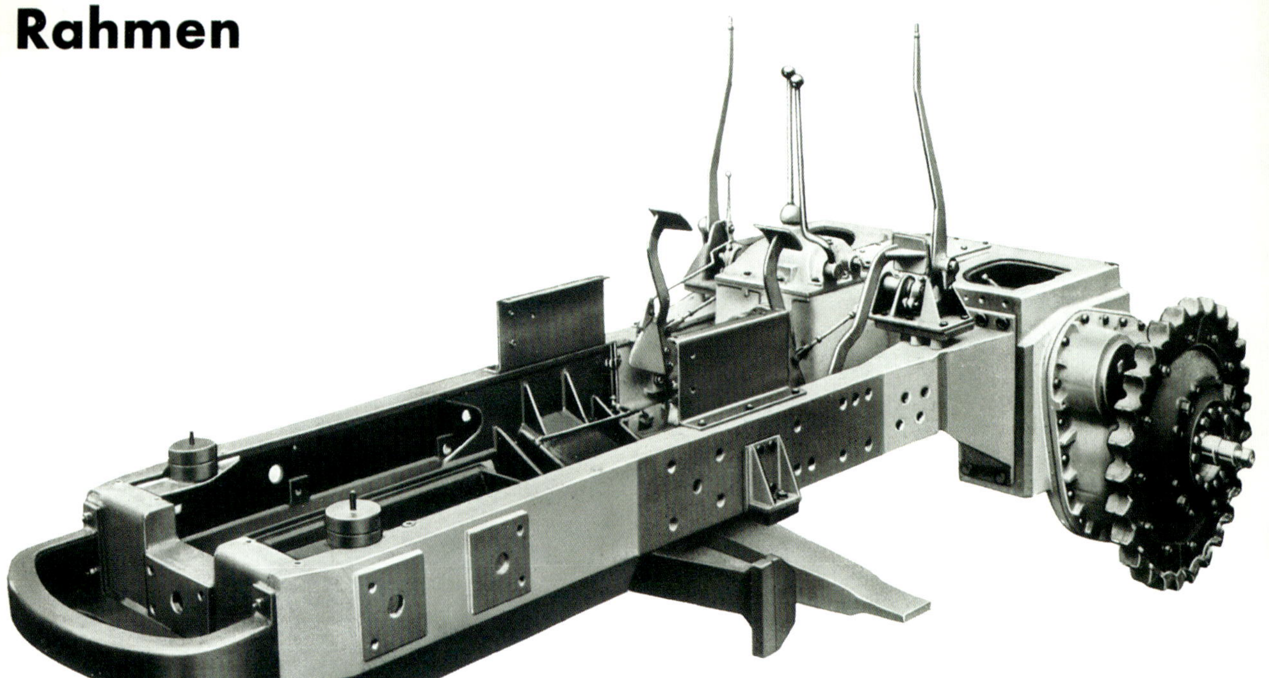

Der stabile, verwindungsfreie, in Schweißkonstruktion ausgeführte Halbrahmen bildet mit dem angeflanschten kräftigen Lenkkupplungsgehäuse das tragende Element der DEUTZ-Raupe.

Alle DEUTZ-Raupen haben eine Parallelführung des Laufwerks. Diese Parallelführung bewirkt die gleichbleibende Stabilität der Kettenführung auch bei hohem Alter der Maschine. Die Laufradkästen sind auf der Turas-Achse gelagert. Alle Pendelbewegungen werden deshalb ohne verschleißende Einwirkung auf das Laufrad ausgeführt.

Diese wesentlichen Konstruktionsmerkmale tragen zur langen Lebensdauer bei.

KLÖCKNER Baumaschinen

Schema der Parallelführung.
Auch auf extrem unebenem Gelände werden die Ketten parallel geführt.

DEUTZ

Laufwerk

Die nachstellbare Feder des stabilen Leitrades ermöglicht eine stets gleichbleibende Kettenspannung. Die Laufrollen, aus hochwertigem Material gefertigt, besitzen eine Spezialflächendichtung, die auch bei hohem Lebensalter voll funktionsfähig bleibt.
Die Anlenkungen der Laufradkästen bei der DEUTZ-Raupe erfolgen auf die Welle des Triebradkranzes, dadurch Entlastung der Flanschwellenlagerung und Vermeidung von unzulässigen Kettenspannungen.
Gerade das Laufwerk ist außerordentlichen Beanspruchungen ausgesetzt. Aus diesem Grunde wird für die Herstellung der Laufwerkteile ein besonders hochwertiges Material verarbeitet.
Die Laufflächen sind gehärtet und ihre Lagerungen gegen Eindringen zerstörenden Schmutzes geschützt.

Den vielseitigen Arbeitsbedingungen und Beanspruchungen angepaßt, stehen in Breiten und Konstruktion spezielle Bodenplatten zur Verfügung.

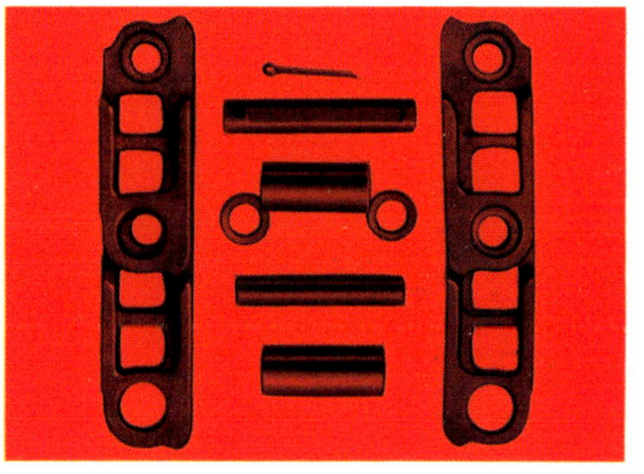

Alle Kettenteile können bezogen werden.

DEUTZ

DK 75

B = Bauraupe, BÜ = Überkopflader, BF = Frontlader

Motortyp	F4L 514
Zylinderzahl	4
Bohrung	110 mm
Hub	140 mm
Hubvolumen	5322 cm³
Drehzahl	1800 U/min
Leistung	65 PS
Arbeitsweise	Viertakt-Diesel mit DEUTZ-l'Orange-Wirbelkammer
Motorkupplung	1 Voith-Turbo-Kupplung und 1 Einscheibentrockenkupplung mit Kupplungsbremse
Getriebe	5 Vorwärtsgänge 2,8 - 3,6 - 4,5 - 6,0 - 7,5 km/h 3 Rückwärtsgänge 3,6 - 4,6 - 5,8 km/h
Zughakenkräfte	
vorwärts	5550 - 4320 - 3400 - 2500 - 1940 kg
rückwärts	4380 - 3380 - 2420 kg
Lenkung	mittels zweier Lenkkupplungen
Bremsen	2 Fußbremsen zur Unterstützung der Lenkung (davon 1 durch Handhebel feststellbar)
Laufwerk: Laufräder	5 je Seite **6 je Seite bei BF**
Stützräder	1 je Seite **2 je Seite bei BF**
Kettenglieder	37 je Seite **40 je Seite bei BF**
Kettenbreite	400 mm, 460 mm } nach Bedarf **(350 mm bei BF)**
Laufradkasten	Stahl-Blechkasten aus einem Stück gepreßt
Spurweite	1520 mm
Betriebsfertiges Gewicht (ohne Arbeitsgerät)	ca. 5990 kg bei Kettenbreite 400 mm ca. 6075 kg bei Kettenbreite 460 mm **ca. 6446 kg bei Kettenbreite 350 mm**
Bodendruck (ohne Arbeitsgerät)	ca. 0,37 kg/cm² bei Kettenbreite 400 mm ca. 0,33 kg/cm² bei Kettenbreite 460 mm **ca. 0,41 kg/cm² bei Kettenbreite 350 mm**
Kleinster Wenderadius	2250 mm
Höhe der Anhängevorrichtung	
auf fester Straße	435 mm, umstellbar auf 338 mm
Greifer voll eingesunken	385 mm, umstellbar auf 290 mm
Bodenfreiheit	
Greifer voll eingesunken	ca. 300 mm
Pendelachse	als Blattfeder ausgebildet **als Starrachse ausgebildet bei BF und BU**
Fahrzeuglänge	etwa 3450 mm
Fahrzeugbreite	1955 mm bei Kettenbreite 400 mm **1905 mm bei Kettenbreite 350 mm bei BF**
Höhe auf fester Straße bis Oberkante Auspuff	etwa 2185 mm
Steigfähigkeit	bis 45°
Kraftstoffverbrauch	etwa 5–6 Liter/h
Kraftstoffvorrat	108 Liter
Schmierölvorrat im Motor	11 Liter
Elektrische Anlage	1 Lichtmaschine 200 W 12 V, Anlasser 4 PS 24 V

2 Batterien 12 V zu je 105 Ah, 1 Scheinwerfer vorn 200 mm ∅ mit Fern-, Abblend- und Standlicht, 1 Scheinwerfer hinten 130 mm ∅, 1 Steckdose für Handlampe, 1 Signalhorn, 1 Fernthermometer mit akustischer Warnvorrichtung als Kontrolle für den Motor, Betriebsstundenzähler.

Bei BF zusätzlich im Lieferumfang enthalten:
Kettenschutzbleche, verschließbare Motorseitenbleche.

Sonderzubehör (gegen Mehrpreis): Antriebswelle 1800 U/min für Sondergeräte, Riemenscheibenantrieb mit Riemenscheibe, Zapfwellenantrieb mit Zapfwelle, Segeltuch-Abdeckung, Seilwinde mit etwa 100 m Seil 16 mm ∅, mittlere Seilgeschwindigkeit 0,6 m/sec, mittlere Seilkraft ca. 7500 kg, Wetterdach, verschließbare Motorseitenbleche, Kettenschutzbleche, Heizungsanlage, Laufschuhe für Straßenfahrt.

DK 90

Motortyp	F6L 514
Zylinderzahl	6
Bohrung	110 mm
Hub	140 mm
Hubvolumen	7983 cm³
Drehzahl	1650 U/min
Leistung	90 PS
Arbeitsweise	Viertakt-Diesel mit DEUTZ-l'Orange-Wirbelkammer
Motorkupplung	1 Voith-Turbo-Kupplung und 1 Einscheibentrockenkupplung mit Kupplungsbremse
Getriebe	5 Vorwärtsgänge 2,5 - 3,9 - 5,5 - 7,3 - 9,7 km/h 4 Rückwärtsgänge 3,8 - 6,0 - 8,5 - 11,3 km/h
Zughakenkräfte	
vorwärts	8440 - 5560 - 3685 - 2458 - 1705 kg
rückwärts	5600 - 3400 - 2040 - 1450 kg
Lenkung	mittels zweier Lenkkupplungen
Bremsen	2 Fußbremsen zur Unterstützung der Lenkung (durch Handhebel feststellbar)
Laufwerk: Laufräder	7 je Seite
Stützräder	2 je Seite
Kettenglieder	44 je Seite
Kettenbreite	460 mm, 560 mm } nach Bedarf
Laufradkasten	Stahl-Blechkasten aus einem Stück gepreßt
Spurweite	1660 mm
Betriebsfertiges Gewicht (ohne Arbeitsgerät)	ca. 8950 kg bei Kettenbreite 460 mm ca. 9120 kg bei Kettenbreite 560 mm
Bodendruck (ohne Arbeitsgerät)	ca. 0,32 kg/cm² bei Kettenbreite 560 mm ca. 0,39 kg/cm² bei Kettenbreite 460 mm
Kleinster Wenderadius	2600 mm
Höhe der Anhängevorrichtung	
auf fester Straße	481 mm
Greifer voll eingesunken	432 mm
Bodenfreiheit	
Greifer voll eingesunken	340 mm
Pendelachse	als Blattfeder ausgebildet
Fahrzeuglänge	etwa 4233 mm
Fahrzeugbreite	2130 mm bei Kettenbreite 460 mm 2220 mm bei Kettenbreite 560 mm
Höhe auf fester Straße bis Oberkante Auspuff	etwa 2370 mm
Steigfähigkeit	bis 45°
Kraftstoffverbrauch	etwa 7,5–9 Liter/h
Kraftstoffvorrat	135 Liter
Schmierölvorrat im Motor	20 Liter
Elektrische Anlage	1 Lichtmaschine 200 W 12 V, Anlasser 6 PS 24 V, 2 Batterien 12 V zu je 105 Ah, 1 Scheinwerfer vorn mit Fern-, Abblend- und Standlicht, 1 Scheinwerfer hinten, 1 Steckdose für Handlampe, 1 Signalhorn, 1 Fernthermometer mit akustischer Warnvorrichtung als Kontrolle für den Motor; Betriebsstundenzähler.

Sonderzubehör (gegen Mehrpreis): Antriebswelle 1650 U/min für Sondergeräte, Wetterdach, Seilwinde mit etwa 80 m Seil 22 mm ∅, mittlere Seilgeschwindigkeit 0,6 m/sec, mittlere Seilkraft ca. 11 000 kg, Kettenschutzbleche, Heizungsanlage, Laufschuhe für Straßenfahrt.

Änderungen im Zuge der Weiterentwicklung vorbehalten.

DR 1250 Planierraupe mit lastschaltbarem Wendegetriebe

DEUTZ

Die bewährte Deutz-Raupe mit noch höherem Bedienungskomfort!

● **Lastschaltbares Wendegetriebe**

„Unter Last" schaltbar. Das bedeutet: Blitzschnelle Arbeitstakte. Kein Kuppeln mehr beim Vorwärts- und Rückwärtsschalten.

Bequeme Bedienung durch griffgünstige Anordnung der Hebel neben dem Komfortsitz. Lange Lebensdauer durch im Ölbad liegende Lamellenkupplung.

● **Trockenluftfilter**

Hoher Luftreinigungsgrad – dadurch hohe Lebensdauer des Motors. Einfache Bestimmung der Wartungsintervalle durch Vacumeter mit optischer Anzeige.

● **Komfortsitz**

Körpergerechter, gut abgefederter Komfortsitz. Nach allen Seiten und in der Höhe verstellbar. Der Komfortsitz kann auf das Gewicht des Fahrers eingestellt werden.

Luftgekühlter DEUTZ-Dieselmotor 110 DIN PS. Einfache Wartung ● Die Außentemperatur ist unwichtig ● Ein DEUTZ-Motor startet auch bei –30° C ● DEUTZ-Motoren sind überhitzungssicher ● Auch bei + 60° C ● Schnelles Erreichen der Betriebswärme ● Lastschaltbares Wendegetriebe öldruckbetätigt mit ölgekühlten Sinter-Lamellen und Kupplungsbremse ● Trockenluftfilter ● 1000-Stunden-Schmierung des Laufwerks ● Rationelle und bequeme Anordnung der Bedienungshebel ● Bequemer Fahrersitz mit guter Sicht auf die Geräte ● "Direct-lift" Anordnung der Hubzylinder bedeutet verlustlose Kraftübertragung ● Große Hub- und Aufpreßkräfte sowie größte Widerstandsfähigkeit des Gerätes bei geringstem Eigengewicht ● Stabile Spindelschubstangen mit spielfreier Dreiecksverspannung ermöglichen stufenlose Seitenüberhöhung von 0 – ca. 350 mm ● Für jeden Einsatz das richtige Austauschgerät: Querschild, Kohleschild, Wurzel- und Steinrechen.

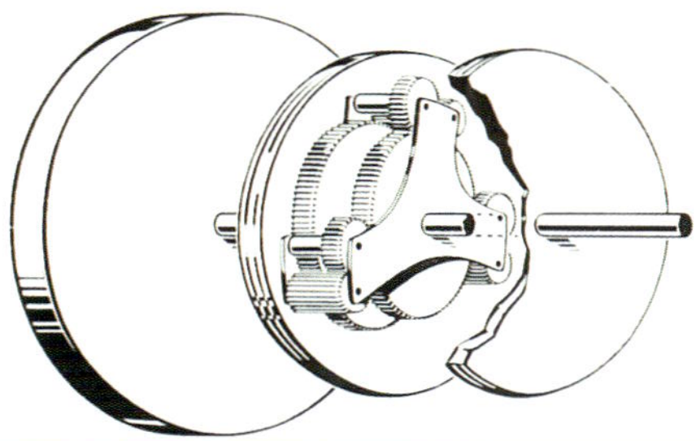

Schema des lastschaltbaren Wendegetriebes

DR 1250 Technische Daten

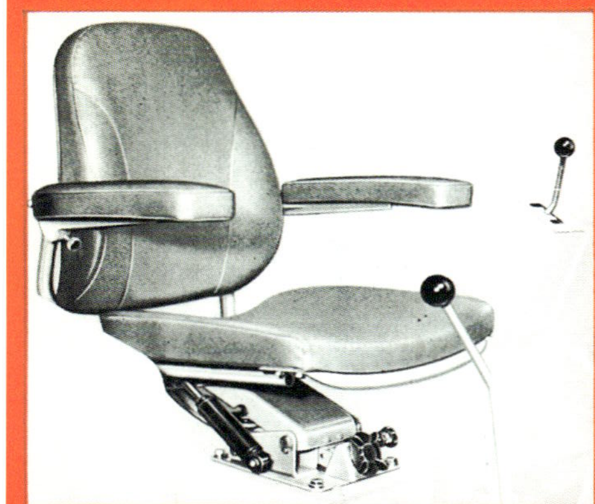

Komfortsitz und kleiner Steuerhebel zum lastschaltbaren Wendegetriebe

Übersichtliche und griffgünstige Anordnung der Armaturen und Bedienungshebel

Motor: luftgekühlter DEUTZ-Sechszylinder-Viertakt-Dieselmotor Bauart F 6 L 514, Bohrung 110 mm, Hub 140 mm, Hubvolumen 7983 cm³, Drehzahl 2000 Upm, Leistung 110 DIN-PS

Filter: Trockenluftfilter; Öldruckanzeiger; Kraftstoffilter; Schmierölfilter; Nebenstromfeinfilter; Trockenfilter für Kurbelgehäuseentlüftung

Kupplung: Lastschaltbares Wendegetriebe öldruckbetätigt mit ölgekühlten Sinter-Lamellen und Kupplungsbremse

Schaltgetriebe: für 5 Vorwärts- und 5 Rückwärtsgänge

	Geschwindigkeiten	Zughakenkräfte		Geschwindigkeiten	Zughakenkräfte
1. Gang vorwärts . . .	0 – 2,50 km/h	10700 kp	1. Gang rückwärts . . .	0 – 2,8 km/h	9900 kp
2. Gang vorwärts . . .	0 – 3,80 km/h	7480 kp	2. Gang rückwärts . . .	0 – 4,3 km/h	6600 kp
3. Gang vorwärts . . .	0 – 5,50 km/h	5020 kp	3. Gang rückwärts . . .	0 – 6,1 km/h	4520 kp
4. Gang vorwärts . . .	0 – 7,30 km/h	3440 kp	4. Gang rückwärts . . .	0 – 8,1 km/h	3100 kp
5. Gang vorwärts . . .	0 – 9,70 km/h	2340 kp	5. Gang rückwärts . . .	0 – 10,8 km/h	2100 kp

Laufwerk: verwindungsfreier, geschweißter Laufradkasten, je Seite 7 Laufräder, 2 Stützräder, 44 Kettenglieder, Laufwerk mit 1000-Stunden-Schmierung

Lenkung: durch Handhebel mittels zweier Lenkkupplungen

Bremsen: zwei Fußbremsen zur Unterstützung der Lenkung (von Hand feststellbar)

Drehzahleinstellung: von Hand (feststellbar) und mit Fußbetätigung

Elektrische Ausrüstung:
- 1 Lichtmaschine 200 Watt, 24 Volt
- 1 elektrischer Anlasser 6 PS, 24 Volt
- 1 Glühanlaßschalter
- 2 Batterien 12 Volt zu je 105 Ah
- 2 Scheinwerfer vorn, mit Fern-, Abblend- und Standlicht
- 1 Scheinwerfer hinten
- 1 Steckdose für Handlampe
- 1 Signalhorn
- 1 Fernthermometer mit akustischer Warnvorrichtung als Motorkontrolle

Sitz: Abgefederter Einzelsitz (Komfort-Sitz) einstellbar in Längs-, Seiten- und Höhenrichtung sowie auf Fahrergewicht

Kettenbreite:		460 mm	560 mm
Länge mit Gerät:	(Schwenkschild quergestellt)	ca. 5100 mm	
Breite mit Gerät:	(Sckwenkschild quergestellt)	ca. 3460 mm	
Schürftiefe unter Planum:		ca. 450 mm	
Schürfwinkel:		ca. 50°	
Länge ohne Gerät:		4200 mm	4200 mm
Breite ohne Gerät:		2165 mm	2220 mm
Höhe:	auf fester Straße bis Oberkante Auspuff	2520 mm	2520 mm
Spurweite:	von Mitte Kette zu Mitte Kette	1660 mm	1660 mm
Bodenfreiheit:		340 mm	340 mm
Gewicht des Schleppers:	mit Gerät	ca. 12380 kg	ca. 12550 kg
Bodendruck mit Gerät:		0,53 kg/cm²	0,44 kg/cm²
Bodendruck ohne Gerät:		0,41 kg/cm²	0,34 kg/cm²

Zur Serienausrüstung gehören: Zugvorrichtung mit einfachem Kupplungsmaul vorn; untere Anhängevorrichtung hinten; Betriebsstundenzähler; 1 Satz Werkzeuge

Sonderzubehör: Seilwinde, Antriebswelle, Motorseitenbleche

Abbildungen, Maße, Gewichte und technische Daten unverbindlich.

W 1652–31 03.68 pg

KLÖCKNER-HUMBOLDT-DEUTZ AG · KÖLN

FÜR
LAND u. FORST-
WIRTSCHAFT
INDUSTRIE
UND
BAUGEWERBE
FAMO
FAMO
DIESEL
RAUPENSCHLEPPER

FAMO-Diesel-

Für eine intensive, ertragsteigernde Bodenbearbeitung in der Landwirtschaft und für die Verrichtung von Zugarbeiten auf unbefestigten Wegen oder weglosem Gelände ist der Raupenschlepper die unentbehrliche Zugmaschine. Zwei Ursachen begründen seine Unersetzlichkeit unter derartigen Arbeitsbedingungen. Das sind

die feste Bodenhaftung

infolge des Kettenlaufwerkes, die eine Ausnutzung größerer Motorenstärken gestattet, und

die hohe Wirtschaftlichkeit,

die sich aus dem von keinem anderen Fahrzeug und von keiner anderen Zugmaschine erreichten geringen Leistungsbedarf für die Eigenbewegung auf dem Acker ergibt. Dieser geringe Eigenbedarf für die Fortbewegung spart Brennstoff, erhöht die verfügbare Zugkraft und steigert dadurch die Arbeitsleistung und Wirtschaftlichkeit des Schleppers.

FAMO-Raupenschlepper sind in langjähriger Entwicklungsarbeit zu technisch hochstehenden Arbeitsmaschinen ausgebildet worden und werden seit fast 15 Jahren als Spitzenerzeugnisse der deutschen Schlepperindustrie geliefert. Sie haben nicht nur im Inlande eine von Jahr zu Jahr immer mehr zunehmende Verbreitung gefunden, sondern sie eroberten sich in wenigen Jahren auch auf dem Weltmarkt Ansehen und Anerkennung. Der älteste Träger dieser Entwicklung ist der

FAMO-Raupenschlepper „Rübezahl" mit 60/65-PS-Dieselmotor.

Er ist der Großkraft-Schlepper für die Land- und Forstwirtschaft, für den Tiefbau und für alle sonstigen Anwendungsgebiete, die eine besondere Kraftleistung von einer Zugmaschine verlangen. In der Landwirtschaft verwenden ihn Großbetriebe und die Begüterungen, wo ein schwerer Boden oder hügeliges Gelände besondere Anforderungen an die Zugkraft stellen. Um die hohen technischen Vorzüge auch mittleren und kleineren Betrieben zugänglich zu machen, wurde der

FAMO-Raupenschlepper „Boxer" mit 42/45-PS-Dieselmotor

geschaffen. Auch er bewältigt Arbeitsleistungen, wie sie eben nur ein Raupenschlepper aufbringen kann. Auf schweren Böden benutzen ihn bereits auch recht kleine Betriebe, weil gerade durch den Raupenschlepper eine ertragbringende Bodenkultur erreicht wird.

FAMO-Raupenschlepper werden aber nicht nur bevorzugt in der Land- und Forstwirtschaft verwendet, sondern auch im Tief- und Straßenbau zum Ziehen und häufig auch gleichzeitigen Antrieb schwerer Spezial-Arbeitsgeräte. Auch hierbei sind die hochentwikkelte Konstruktion und solide Bauweise sowie die große Wirtschaftlichkeit der FAMO-Raupenschlepper von besonderem Vorteil.

Baubeschreibung

Der Rumpf der FAMO-Raupenschlepper ist rahmenlos gebaut, indem das Motoren- und Getriebegehäuse zusammen zugleich den Tragkörper des gesamten Triebwerkes bilden. An den Rumpf sind die Laufwerke auf starken Achszapfen in senkrechter Richtung pendelnd angeordnet, um sich allen Bodenunebenheiten fest aufliegend anzuschmiegen. Das Vordergewicht der Maschinen stützt sich mit einer Blattfeder auf den Laufwerken ab; der „Rübezahl" ist außerdem auch hinten abgefedert. Beide Raupenschlepper haben drei Getriebegänge, und zwar einen mittleren Hauptarbeitsgang, einen langsameren Gang für besonders schwere Widerstände und einen rascheren Gang für Leerfahrt. Gelenkt wird der Schlepper in einfacher Weise durch ein Steuerrad, welches die Lenkbremsvorrichtung betätigt. Diese Lenkbremsvorrichtung ist in besonderer

aupenschlepper

Weise mit einem Lenk-Doppel-Differential ausgerüstet, welches weitgehend verhindert, daß beim Lenken und besonders bei der Arbeitsverrichtung in Kurven Motorenleistung verloren geht.

Motor

Die Dieselmotoren der beiden Raupenschlepper haben grundsätzlich die gleiche Bauweise als Vierzylinder-Viertakt-Volldieselmotoren. Der Motor des „Rübezahl" entwickelt mit einem Hubraum von 8,6 Liter bei 1150 Umdrehungen je Minute eine Dauerleistung von 60/65 PS und der Motor des „Boxer" bei 5 Liter Hubraum eine Dauerleistung von 42/45 PS bei 1250 Umdrehungen. Beide Motoren sind überlastbar. Der große Hubraum und die niedrig gewählte Drehzahl ergeben die robuste Bauart der Motoren für härteste Beanspruchung. Zum Ingangsetzen des Motors dient eine Benzin-Handanlassung, bei der die Verdichtung des Motors so weit herabgesetzt wird, daß er als Vergasermotor arbeitet und dadurch ohne weiteres von Hand durchgedreht und wie jeder andere Vergasermotor angeworfen werden kann. Auf Wunsch werden die Motoren jedoch auch mit elektrischem Anlasser geliefert. Das Kühlsystem mit Pumpe und Ventilator und die Schmierung sind allen klimatischen Bedingungen, auch heißer Zonen, gewachsen. Das Schmieröl des Motors wird durch die angesaugte Luft während der Filterung im Ölfilter gekühlt. Auswechselbare Zylinderbuchsen, Leichtmetallkolben und eine sehr kräftige Kurbelwelle bilden das für hohe Dauerleistung gestaltete Triebwerk des Motors.
Eine kräftige Einscheiben-Trockenkupplung verbindet den Motor mit dem Schaltgetriebe, das drei Vorwärtsgänge und einen Rückwärtsgang hat. Von dort wird die Antriebskraft über das Lenk-Doppel-Differential auf die beiden Raupenketten übertragen. In den beiden aus Stahl gepreßten Laufrollenkästen sind die Laufrollen und die nachstellbare Spannung der Ketten angeordnet. Alle beanspruchten Teile und Laufflächen in den Kettenlaufwerken sind durch geeignete Härtung für eine lange Lebensdauer geschaffen. Leichte Auswechselbarkeit der Teile ermöglicht die rasche und billige Behebung des natürlichen Verschleißes.
Die Laufwerke sind ferner so ausgebildet, daß die Schlepper ohne weiteres auch öffentliche Straßen benutzen können.
Zu den Schleppern gehört vollständiges Werkzeug. Dieses wird unter dem bequemen, gepolsterten Führersitz mitgeführt.

5 Arten der Kraftabnahme

Anhängegeräte für die Bodenbearbeitung und dgl. werden an die untere, als pendelnde Zugschiene ausgebildete Anhängevorrichtung gekuppelt, so daß der Zug im Schwerpunkt des Schleppers angreift. Für Anhänge-Fahrzeuge ist zur Ankupplung der Zugdeichsel eine obere Anhängevorrichtung vorhanden. Für den Betrieb im Fahren arbeitender Maschinen, wie z. B. Bindemähern in der Landwirtschaft, ist ein für sich abschaltbarer Zapfwellenantrieb anzubringen. Für den Betrieb ortsfester Maschinen kann ein Riemenantrieb angesetzt werden. Wo die Last durch einen Seilzug herangeholt werden muß, wie dies z. B. beim Schleppen von Baumstämmen nötig ist, wird eine Spillwinde am Schlepper angebracht.

Verwendung für Sonderzwecke

Bei beiden Raupenschleppern haben die Gleisketten eine Spurweite von 1245 mm von Mitte zu Mitte. Auf wenig tragfähigen Böden, wie sie bei der Moorkultur vorkommen, werden die 300 mm breiten Kettenglieder mit Laufplatten von 600 mm Breite versehen. Die Spurweite hierbei beträgt 1450 mm. Für gewisse Arbeitszwecke, besonders in den Kolonialgebieten, werden die Schlepper auch mit einer schmalen Spur von 950 mm geliefert. Die Auswahl unter mehreren Spurweiten ist auch wichtig für die Bearbeitung von Reihenkulturen. Für die Ernte von Zuckerrüben werden schmale Aufsatzklötze mit Stahllaufplatten für die Kettenglieder geliefert.

TECHNISCHE ANGABEN

	RUBEZAHL	BOXER
FAMO-Dieselmotor		
Arbeitsweise	Viertakt	Viertakt
Zylinderzahl	4	4
Zylinderinhalt	8,6 Liter	5,0 Liter
Drehzahl	1150	1250
Leistung	60/65 PS	42/45 PS
Brennstoff-Einspritzpumpe . . .	Fabrikat Bosch	Fabrikat Bosch
Brennstoff-Behälter.	90 Liter Inhalt	65 Liter Inhalt
Brennstoffverbrauch etwa. . . .	200 g/PS-Std.	205 g/PS-Std.
Fahrgestell		
Gewicht betriebsfertig	4700 kg	3500 kg
Hauptmaße (normal):		
Länge über alles.	3300 mm	3080 mm
Höhe über alles (ohne Auspuff)	1870 mm	1660 mm
Breite über alles	1545 mm	1545 mm
Spurweite		
von Mitte bis Mitte Ketten		
normal.	1245 mm	1245 mm
groß . . . . (zum Rübenheben und für Moor)	1450 mm	1450 mm
Breite der Laufplatten normal .	300 mm	300 mm
Breite der Laufplatten für Moor.	600 mm	600 mm
Bodendruck in weichem Boden.	0,36 kg/qcm	0,36 kg/qcm
Bodendruck auf harter Straße .	3,2 kg/qcm	3,2 kg/qcm
Bodenfreiheit.	290 mm	330 mm
kleinster Wenderadius	3,5 m	3,5 m
Höhe der Anhängevorrichtung über Erde		
obere	750 mm	725 mm
untere	330 mm	330 mm
Geschwindigkeiten km/Std. und Zugkräfte am Haken in kg		
I. Gang	4,0—3000	3,7—2000
II. „	5,4—2200	4,9—1600
III. „	6,8—1700	6,0—1200
Rückwärts- „	4,9	4,5

„Rübezahl" 60/65 PS

„Boxer" 42/45 PS

Die Maße, Gewichte und Leistungsziffern sind unverbindlich. Änderungen vorbehalten.

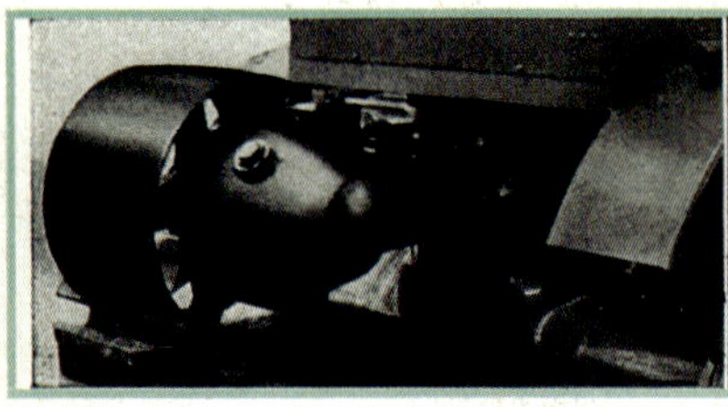

Dreschantrieb

Zapfwelle

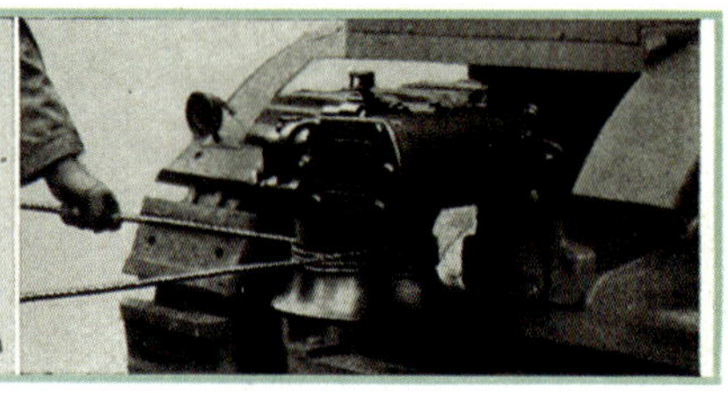

Spillwinde

„FAMO" FAHRZEUG- UND MOTORENWERKE
GESELLSCHAFT MIT BESCHRÄNKTER HAFTUNG
BRESLAU 6

FAMO 521 | 240 | 3000

Wilh. Gottl. Korn, Breslau

WD 28 PS 50 PS **Kettenschlepper in der Landwirtschaft**

Für Benzin, Benzol, Petroleum.

28 und 50 PS WD-Kettenschlepper.

Der WD-SCHLEPPER, die Universalmaschine für landwirtschaftliche Betriebe jeder Größe und für alle, auch schwerste Böden, sowie für kupiertes Gelände.

Drei Vorwärtsgeschwindigkeiten von 2 — 6 km/Std., ein Rückwärtsgang.

Fabrikat der „HANOMAG" (Hannover-Linden)
Hannoversche Maschinenbau-A.-G. vorm. Georg Egestorff

Deutsche Kraftpflug-Gesellschaft

mit beschränkter Haftung

BERLIN W 35 — Potsdamer Str. 31

Fernruf: Nollendorf 3997, 3998, 3999 — Telegramm-Adresse: Wedepflug

WD-Schlepper 28 PS als stationäre Antriebsmaschine.

WD-Schlepper 50 PS beim Ziehen von 3 schwerbeladenen Rübenwagen.

WD-Schlepper 50 PS mit 4reihiger, kombinierter Krautschneide- und Rübenhebemaschine.

WD-Schlepper 50 PS mit fünfscharigem Anhängepflug für schweren Boden in der Kurve.

WD-Schlepper 28 PS beim Holztransport im Winter.

WD-Schlepper 28 PS mit fünf Anhängern.

WD-Schlepper 28 PS mit 3 siebenzinkigen Kultivatoren.

WD-Schlepper 28 PS Heide (Urland) umbrechend.

WD-Schlepper 28 PS einen Bach durchquerend.

WD-Schlepper 28 PS mit dreischarigem Moorpflug.

WD-Schlepper 28 PS auf Abhang pflügend.

WD-Schlepper 28 PS beim Spargelbau.

REFERENZEN:

Gutsbes. Heinr. **Abel**, Hoppenstedt b. Osterwieck a. H. (1 25 PS)
Rittergutsbes. Abraham, Kunzendorf, Kr. Steinau a.O. (1 50 PS)
Gutsbes. Fr. Ackermann, Roxförde, Kr. Gardelegen (1 50 PS)
Regierung Allenstein (1 50, 1 25 PS)
Rittergutsbesitzer Joachim v. Alvensleben, Sülldorf b. Magdeburg (1 50 PS)
Rittergutsbes. v. Arnim-Mürow b. Angermünde, Um (1 50 PS)
Gräfl. Arnimsches Forstamt, Muskau O.-L. (1 25 PS)
Gräfl v. Arnimsche Verwaltung, Gollmitz, Kr. Prenzlau (1 50 PS)

Gutsbes. C. **Backhaus**, Gut Marienfelde b. Friedeburg (1 25 PS)
v. Bandemer, Selesen, Kr. Stolp, Post Schmolsin, Pom. (1 25 PS)
E. Bank, Ratzebuhr, Kr. Neustettin (1 25 PS)
Amtsrat Barckhausen, Domäne Brandenburg, Post Stadthagen (1 50 PS)
Domänenpächt. H. Barckhausen, Egeln, Bez. Magdbg. (1 50 PS)
Amtsrat Barnstorff, Dom. Blankenburg a. H. (1 50 PS)
Gutsbesitzer Behrends, Rittergut Polte b. Cobbeln (1 25 PS)
v. Below, Gohren, Kr. Stolp, Post Stojentin, Pomm. (1 25 PS)
v. Below, Saleske, Kr. Stolp (1 25 PS)
H. Bennecke & Sohn, Domäne Athensleben b. Staßfurt (3 50 PS)
Aktien-Zuckerfab. Bennigsen, Bennigsen a. Deist., Han. (1 50 PS)
Remonteamt Berthelsdorf (Oberamtmann Böhme) b. Herrnhut i. Sa. (1 25 PS)
Gutsverwaltung Hof Beutzen, Post Oldendorf, Kr. Celle, Station Eschede (1 25 PS)
Gräfl. von Bethusy-Huc'sche Oberförsterei, Bankau O/S, Kr. Kreuzburg (1 25 PS)
Leutn. C. Bieler, Neutz b. Nauendorf, Saalkreis, Prov. Sa. (1 50 PS)
Landrat v. Bismarck, Lasbeck, Kr. Regenwalde (1 50 PS)
v. Blanckenburg, Zimmerhausen, Kr. Regenwalde (1 50 PS)
Freiherr v. Blittersdorff, Molstow b. Treptow, Rega, Kr. Greifenberg (1 50 PS)
Rittergutsbesitzer Blomeyer, Paulsdorf, Kr. Namslau (1 50 PS)
Bluhm, Giesebitz am Lebasee, Kr. Stolp (1 25 PS)
Fr. Blume, Strohsdorf b. Pyritz, Kr. Pyritz (1 50 PS)
v. Blumenthalsche Gutsverwaltung, Segenthin b. Schlawe, Kr. Schlawe (1 25 PS)
Rittergutsbes. J. Böckelmann, Atzendorf b. Staßfurt (1 50 PS)
v. Boehn, Kulsow, Post Kunsow, Kr. Stolp (1 50 PS)
Gutsbes. Georg Boetel, Wetzleben, Kr. Wolfenbüttel (1 50 PS)
Rittergutsbesitzer Bohm-Trampe b. Berlinchen, Nm. (1 50 PS)
v. Borckesche Gutsverwaltung, Kankelfitz, Kr. Regenwalde, Pomm. (1 50 PS)
Dominium Borne, Kr. Neumarkt (1 25 PS)
Gutsbesitzer v. Bothmer, Hetendorf b. Hermannsburg, Kr. Celle, Hannover (1 25 PS)
Theodor Brandau, Giesenslage, Kr. Osterburg (1 50 PS)
Oberamtmann Braumann, Dom. Hagen, Kr. Jerichow (1 50 PS)
v. Braunschweig, Groß-Podel, Post Stojentin, Kr. Stolp (1 25 PS)
H. Bräuninger, Saatzuchtanstalt, Schloßgut Boefinger b. Ulm a. d. D. (1 25 PS)
Fr. Bräuninger, Hofgut Dettenhardt b. Schwenningen i. Bayern (1 25 PS)
Gutsbes. Eug. Brenner, Schwaben b. München, Oberb. (1 25 PS)
Hauptmann v. Britzke, Gr.-Dammer, Kr. Meseritz (Deutsche Grenzmark) (1 25 PS)
Georg Buhmann, Landwirt, Lagesbüttel, Post Gr.-Schwülper, Kr. Gifhorn (1 50 PS)
Landschaftsrat Freiherr v. Bülow, Hohne, Kr. Celle (1 25 PS)
Bundesforstdirektion Salzburg, Forstverwaltung St. Johann i. Pongau (1 25 PS)
v. Bünau, Sophienhof, Kr. Regenw., P. Maldewin, Pom. (1 50 PS)
Oberleutn. v. Byern, Gr.-Germersleben, Kr. Wanzleb. (2 50 PS)

Rittergut **Calberwisch**, Kr. Osterburg (1 50 PS)
Fr. Callies, Freeser b. Trent, Kr. Rügen (1 50 PS)
Fürstl. Carolath-Beuthensche Verwaltung, Carolath, Kr. Freystadt (2 25 PS)
Rittergutsbesitzer Charitius, Glückshöfen, Kr. Labiau
Oberamtm Cleve, Klosterg. Grauhof/Gosl., Stat. Grauhof (1 25 PS)
St. Contzen, Ritterg. Geretzhoven b. Rommerskirch. Rhl. (1 50 PS)
Oberamtmann Crüsemann, Dom. Greene b. Kreiensen (1 25 PS)

Rittergutsverwaltung **Dargersdorf** b. Templin, Um. (2 25 PS)
Amtmann Dänhardt, Göbel, Kr. Jerichow I (1 50 PS)
Rittmeister A. Dietrich, Dom. Egeln, Bez. Magdeburg (1 50 PS)
Graf Dohna-Schlodien, Mallmitz, Kr. Sprottau (1 25 PS)
Graf Dohna-Schlodien, Kr. Preuß. Holland, Güterdirektor Kammer (1 50 PS)

Gutsverwaltung Dreyershof b. Prenzlau (1 25 PS)
Reichsgraf v. Dürckheim-Montmartinsche Güterverwaltung, Steingaden, Oberb. (1 25 PS)

Hofbesitzer Harry **Eickhoff**, Harkenbleck, Station und Post Rethen a. d. L. (1 50 PS)
Heinrich Einhoff, Gut Schillingsrott b. Köln (1 25 PS)
Graf A. v. Einsiedel, Burg Scharfenstein b. Zschopau i. Erzg. (1 25 PS)
v. Enckevort, Garz a. d. Plöne, Post Plönzig, Kr. Pyritz (1 50 PS)
Domänenpächter Everding, Schäferhof b. Stadthagen (1 25 PS)

Major **Feddersen**, Rosenhof, Kr. Oldenburg i. H. (1 50 PS)
Rittergutsbesitzer Friedrich Freiherr von Feilitzsch, Ebermannsdorf, Post Theuern b. Amberg, Opf. (1 25 PS)
Rittergutspächter Findeis, Holzkirch, Kr. Lauban (1 25 PS)
Gutsbes. Fleischer-Barthenhof, Kr. Oletzko, Ostpr. (1 50 PS)
v. Flemming, Paatzig b. Alt-Tessin, Kr. Kammin (1 25 PS)
Frau Forster verw. Reppow, Post Heinrichsdorf, Kr. Neustettin (1 50 PS)
Rittm. Franke, Frankenhof b. Burg, Bez. Magdeburg, Prov. Sa. (2 50 PS)
Rittergutspächter O. Franke, Rittergut Wallhausen, Kr. Sangerhausen, Prov. Sachsen (1 50 PS)
Rittergutsbesitzer Exz. Freiherr v. Fritsch, Rittergut Seerhausen b. Riesa, Elbe (1 50 PS)
Verwaltung des Genesungsheims und Rittergut Frönspert-Westig (1 25 PS)
Fuß, Wildenbruch Kr. Greifenhagen (1 25 PS)

Rittergutsbesitzer v. **Garvens**, Garvensburg bei Fritzlar, H. N. (1 25 PS)
v. Gaudecker, Kerstin b. Körlin, Kr. Kolberg-Körlin (1 50 PS)
Landrat v. Gehren, Rittergut Czychen, Kr. Oletzko (1 50 PS)
J. G. Geibel, Hof Sörgenloch b. Niederolm, Kr. Mainz (1 25 PS)
Dr. W. Geisberg, Rittergut Unwürde, P. Kittlitz i. Sa. (1 25 PS)
Oberförsterei Gellershausen, Bad Wildungen (1 25 PS)
Gemeinde Wien, städt. Lastkraftwagenbetrieb, Magistratsabteilung XXX, Wien I, neues Rathaus (5 50 PS)
Heinrich Glunk, Land- und Gastwirt, Berghaus b. Tiengen, A. Waldshut (1 25 PS)
Rittergutsbesitzer Görg, Littschen, Kr. Marienwerder (1 50 PS)
Görlitz & Co., Komm.-Ges., Kusserow, Kr. Schlawe, Pomm. (1 50 PS)
Gutsbesitzer H. Germer, Rhoden, Kr. Halberstadt (1 50 PS)
Rittergutsbesitzer Gilka-Bötzow, Schwusen (2 50 PS)
E. Glahn, Woitfick b. Pyritz, Kr. Pyritz (1 50 PS)
Baron von der Goltz, Rathstock i. Oderbruch (1 50 PS)
C. Graf, Domänenpächter, Marienburg b. Hildesheim (1 50 PS)
Baron v. Graevemeyer, Bemerode b. Hannover (1 50 PS)
Georg Gribel, Klein-Nemerow (1 50 PS)
Hauptmann Grothe, Dom. Ferchland b. Güsen (1 50 PS)
Gutsbes. Alfred Gruhl, Niederlützschera b. Ostrau (1 25 PS)
Gutsbesitzer Grundmann, Wiesenthal b. Lahn (1 25 PS)
Majoratsverwaltung Grünhoff, Graf Bülow v. Dennewitz, Kr. Fischhausen, Ostpr (1 25 PS)
Gruschwitz Textilwerke A.-G., Neusalz a. d. O. (1 25 PS)
Magistrat Guhrau (1 25 PS)
Regierung Gumbinnen (1 50 PS)
v. Grundlach'sche Gutsverwaltung, Leizen b. Dambeck, Mcklbg. (1 50 PS)
Guse, Rarfin, Post Podewils, Kr. Belgard (1 50 PS)
S. H. Guttmann, Aktiengesellschaft, Wien I, Gauermanngasse 2 (2 50 PS)

Gutsbesitzer Fr. **Hage**, Egeln, Bez. Magdeburg (1 25 PS)
Hagedorn, Neu-Negentin, Kr. Greifswald (1 25 PS)
Hannoversche Siedlungsgesellschaft, Hannover, z. Zt. f. die Siedlung im Müggendorfer Moor b. Celle (1 25 PS)
Gräfl. v. Hardenberg-Schwiecheldtsche Hauptverwaltung, Hannover, für das Rittergut Söder b. Groß-Düngen (1 50 PS)
Gräfl. v. Hardenberg'sche Rittergutsverwaltung Wolbrechtshausen, Post Nörten, Kreis und Station Northeim (1 28 PS)
Gräfl. v. Hardenbergsche Gutsverwaltung, Komturei Lietzen b. Seelow, Nm. (für Nebengut Rosenthal) (1 50 PS)
Hasslachersche Gutsverwaltung, Kamnitz, Post und Kreis Rummelsburg (1 50 PS)

HANOMAG
HANOMAG
HANOMAG
HANOMAG
50-PS-DIESEL-KETTENSCHLEPPER
HINTZE

Wenn es darauf ankommt, unter besonders schwierigen Arbeitsbedingungen große Zugleistungen zu vollbringen, sei es in der Landwirtschaft, im Forstbetrieb, in der Industrie oder im Baugewerbe, dann ist Ihr bester Helfer ein

HANOMAG-Diesel-Kettenschlepper

Der Diesel-Motor mit seinem geringen Kraftstoffverbrauch gewährleistet die bestmögliche Rentabilität. Ihre Betriebsbilanz wird sich also beim Einsatz eines HANOMAG-Diesel-Kettenschleppers beträchtlich zu Ihrem Vorteil verändern.

Über 25 Jahre baut die HANOMAG Kettenschlepper und verfügt damit über sehr umfassende Erfahrungen in der Herstellung von Kettenfahrzeugen. Ob im hohen Norden bei niedrigsten Temperaturen oder

HANOMAG - EIN BEGRIFF FÜR GUTE

unter der Glutsonne am Äquator, überall hat sich die HANOMAG-Konstruktion gegen stärkste Konkurrenz durchgesetzt. Die bedeutenden Exportziffern gerade dieses Bautyps liefern den Beweis für das große Vertrauen, das man den HANOMAG-Schleppern entgegenbringt. Bei der konstruktiven Durchbildung der Maschine wurde größter Wert auf leichte Zugänglichkeit aller Teile gelegt. Die Bedienung und Wartung sind einfach. Daß die HANOMAG nur beste Werkstoffe verarbeitet, die im eigenen Laboratorium genau geprüft werden, ist selbstverständlich. Der immer gleichbleibenden Güte und der unbedingten Zuverlässigkeit verdankt der HANOMAG-Kettenschlepper seine bevorzugte Stellung im In- und Ausland.

In jeden zeitgemäß eingerichteten und nach wirtschaftlichen Gesichtspunkten aufgezogenen Betrieb gehört heute der

Hanomag-Diesel-Kettenschlepper

Seilwinde in Verbindung mit hochklappbarer Abstützung
3500 kg Zugkraft, 80 m Seil

QUALITÄT UND ZUVERLÄSSIGKEIT

Technische Einzelheiten

LAUFWERK Elastische Ein-Scheiben-Trocken-Kupplung. Getrieberäder und -Wellen aus bestem legierten Spezialstahl. Geteiltes Triebwerksgehäuse. — Die Lenkung ist äußerst einfach und erfolgt durch das Handrad über ein Stirnraddifferential, Vorderachse pendelt als Schwingfeder in Kugelgelenken. Schwingende Laufrollenrahmen mit Federpuffern als Begrenzung und Stoßdämpfer. Überwindung größerer Hindernisse, ohne daß der Kettenschlepper aus der Fahrtrichtung gedrängt wird. Antriebsachsen aus hochwertigem Spezialstahl. Außergewöhnlich große, kräftige Antriebskettenräder. Leiträder gefedert, auf Pendelrahmen geführt, um bei Auftreffen auf Hindernisse ausweichen zu können. Gehärtete Laufrollen mit vollen Laufkränzen und auf starken Kugellagern laufend. Hochdruck-Laufrollenschmierung und besonders sorgfältige Abdichtung gegen Schlamm. Kettenbänder mit breiten Bodenplatten aus erstklassigem Spezialmaterial höchster Festigkeit gegen Verschleiß. Kräftige, gefederte Mittenzug-Vorrichtung mit seitlicher Einstellbarkeit. Zapfwellenantrieb mit automatischer Schmierung.

MOTOR Zylinderzahl: 4 Zylinder, Bohrung: 105 mm Durchmesser, Hub: 150 mm, Zylinderinhalt: 5,2 Liter, Drehzahl: Einstellbar von 800-1300 Umdrehungen pro Minute, Bremsleistung: mit Gasöl, Dieselöl 50 PS max., Kolbenwerkstoff: Leichtmetall, Kurbelwelle: Patentierte Kurbelwellenhärtung, drei großbemessene Gleitlager, Zylinderkopf: Abnehmbar, Ventilanordnung: Hängend, von oben gesteuert, Luftreinigung: Hochleistungs-Luftfilter mit automatischer Ölbenetzung, Kraftstoffpumpe: mit Dekompressionsautomat, Einspritzventile: mit Filternadel, Zündfolge: 1—2—4—3, Beleuchtung: Elektrische Beleuchtung, Anlasser: 24 Volt-Starter-Anlage, Schmierung: Umlaufpreßölschmierung durch Zahnradpumpe mit Saugsieb, Druckfilter, Öldruckmesser, Kühlung: Zwangsläufige Umlaufkühlung mit Wasserpumpe, Vierflügelventilator, Rollvorhang, Kühler-Thermometer, Drehzahlregler: Selbsttätiger Präzisions-Fliehkraftregler, Bosch-Lichtmaschine und Batterie, Geschwindigkeiten: I. Gang 3,1 km/Std., II. Gang 4,6 km/Std., III. Gang 6,9 km/Std., R.-Gang 4,0 km/Std.

QUALITÄT UND ZUVERLÄSSIGKEIT

HANOMAG
Der 50 PS Hanomag-Diesel-Kettenschlepper im vielseitigen Arbeitseinsatz
.. und seine Vorzüge
Der Betrieb kostet wenig.
Der Motor des HANOMAG-Diesel-Kettenschleppers verbraucht in 10 Arbeitsstunden nur etwa 65 kg Kraftstoff (Gasöl, Dieselöl, Schweröl) und 0,5 kg Schmieröl.
Ingangsetzen verursacht keine Mühe.
Der HANOMAG-Diesel-Kettenschlepper wird mit elektrischem Anlasser geliefert. Das Starten ist ebenso leicht und einfach wie beim Benzin-Motor.
Bedienung ohne Sonderkenntnisse.
Irgendwelche besondere Erfahrung im Umgang mit Diesel-Motoren ist nicht notwendig, weil der HANOMAG unkompliziert und übersichtlich aufgebaut ist. Durch Sicherungseinrichtungen werden mögliche Bedienungsfehler verhindert.
HANOMAG - EIN BEGRIFF FÜR GUTE

Tadellose, saubere Verbrennung.

Der geringe Kraftstoffverbrauch des HANOMAG-Diesels ist auf die gute wärmetechnische Durchbildung des Verbrennungsraumes und der Vorkammer sowie auf die exakt arbeitenden HANOMAG-Einspritzventile und die genau dosierende HANOMAG-Einspritzpumpe zurückzuführen; dadurch wird der Kraftstoff bei rauchfreier Verbrennung voll ausgenutzt.

Sehr geringer Bodendruck.

Der HANOMAG-Diesel-Kettenschlepper ist die gegebene Zugmaschine für druckempfindliche Böden. Der Druck auf den Boden beträgt nur $^1/_5$ von dem des Pferdehufes.

Hohe Zughakenleistung.

Die Zugkraft beträgt im 1. Gang bei 3,1 km 3050 kg, im 2. Gang bei 4,6 km 2100 kg, im 3. Gang bei 6,9 km 1300 kg. Schwere Anhängegeräte, vielscharige Pflüge, Sonder-Bodenbearbeitungsgeräte usw., die eine sehr hohe Zugkraft erfordern, zieht der HANOMAG-Diesel-Kettenschlepper also ohne Anstände.

Außerordentlich wendefähig.

Es ist erstaunlich, wie man mit dem HANOMAG - Diesel - Kettenschlepper fast auf der Stelle wenden kann.

QUALITÄT UND ZUVERLÄSSIGKEIT

Zapfwelle, Seilwinden- und Riemenscheibenantrieb.

Zum Antrieb von Mähdreschern, Bindemähern, Seilwinden usw. wird jeder HANOMAG - Diesel - Kettenschlepper serienmäßig mit einer Zapfwelle geliefert. Sollen Dreschmaschinen, Sägen, Dynamomaschinen usw. angetrieben werden, so wird auf Wunsch ein freigelegener schwenkbarer Riemenscheibenantrieb mitgeliefert.

Widerstandsfähige, robuste Bauart.

Wenn man schon wie die HANOMAG über 25 Jahre Kettenschlepper baut, dann weiß man, worauf es im rauhen Betriebe ankommt. Der verwendete Werkstoff wird vorher auf seine Bruch- und Biegefestigkeit geprüft, metallographisch und chemisch untersucht, damit nur ein einwandfreies Material zur Verwendung gelangt. Es ist alles so kräftig gebaut und so stark gewählt, daß trotz starker Inanspruchnahme der natürliche Verschleiß auf das geringste Maß gehalten wird. Motor, Getriebe, Leiträder und Laufrollen sind gegen das Eindringen von Staub, Schmutz und Feuchtigkeit besonders geschützt.

Auf Wunsch liefern wir gegen Mehrpreis mit:

obere Anhängekupplung, gefedert, schwenkbarer Riemenscheibenantrieb für Rechts- und Linksgang mit Scheibe, Seilwinde mit Spindelführung, 3500 kg Zugkraft und oberer gefederter Zugvorrichtung, Abstützung zur Seilwinde, Verdeck, Kühlerschutz. Für Moor und nicht tragfähige Böden Bodenplatten, 430 mm breit, Rübenklötze für Rübenbearbeitung.

HANOMAG - EIN BEGRIFF FÜR GUTE

ABMESSUNGEN, GEWICHT

Länge 3055 mm. Höhe 2200 mm. Breite 1536 mm. Gewicht etwa 4500 kg. Spurweite von Mitte zu Mitte Kettenglied bei normaler Ausführung 1180 mm. Geringste Bodenfreiheit 325 oder 275 mm, je nach Wahl der Anhängevorrichtung. Bodendruck auf weichen Boden 0,4 kg/cm². Breite der Bodenplatten 320 mm. Freier Raum zwischen den Kettengliedern 860 mm. Kleiner Wenderadius. Tankinhalt 105 Liter. Drehzahl der Zapfwelle 534 pro Minute, Riemenscheiben-Antrieb 575 Umdrehungen pro Minute. Durchmesser der Scheibe 500 mm. Breite 200 mm. Leistung an der Riemenscheibe 45 PS.

HINDERNISSE,

wie Steine, Baumwurzeln, Erdhügel werden glatt überwunden, auch Gräben und Steilhänge werden ohne Nachteile für die Maschine genommen. Die beiden Laufwerkrahmen können bis zu 40 cm Höhe gegeneinander ausschlagen.

Gut übersichtlich ist die Anordnung der Bedienungshebel und Armaturen. Die Lenkung erfolgt wie bei Radfahrzeugen mittels Handrad. Dadurch wird ein leichtes Lenken garantiert.

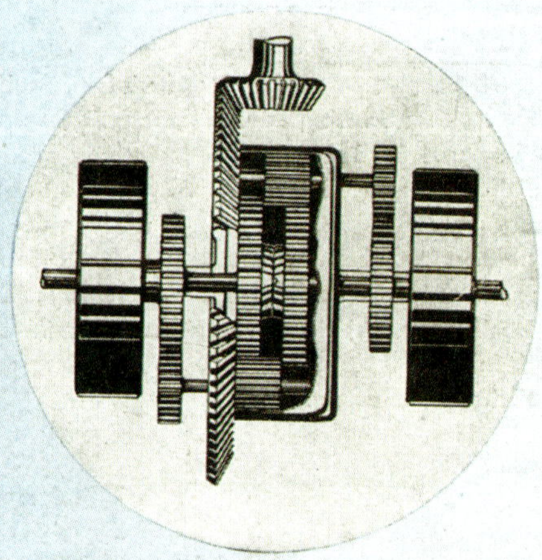

Das HANOMAG-Lenkgetriebe hat sich bestens bewährt und ermöglicht ein Lenken ohne Kraftverlust, selbst bei schwerem Zug.

Überreicht durch:

Ing. Kurt Kloss
Gen ralvertreter der H mag-Hannover
Bielefeld, He er Str. 113
Telefon 36 5

Prospekt Nr. 110

Scherrerdruck Hannover CDH 78

HANOMAG
K55
HANOMAG
K 55

Der 55 PS-HANOMAG-Diesel-Kettenschlepper Typ K 55 ist die vielfach verwendbare Maschine für schwere Arbeiten in der Land- und Forstwirtschaft.

Leistung und Wirtschaftlichkeit bestimmen den Nutzwert eines Kettenschleppers. Die an ihn zu stellenden Forderungen sind daher fest umrissen:

Erstens muß er über genügend Motorleistung und Standfestigkeit verfügen, um schwerste Arbeiten mit hoher Beanspruchung bewältigen zu können. Das heißt: Die große Leistung muß mit geringsten Verlusten an Zughaken, Seilwinde und Riemenscheibe gebracht werden.

Zweitens muß dafür gesorgt sein, daß die Lebensdauer von Motor und Fahrwerk bei geringen Wartungsansprüchen groß ist. Das heißt: Sorgfältige Materialauswahl — jeweils dem Verwendungszweck entsprechend — genaue Bearbeitung und Wärmebehandlung der dem Verschleiß unterworfenen Teile.

Drittens muß er billig im Betrieb sein. Das heißt: Niedriger Kraftstoff- und Ölverbrauch, damit geringe bewegliche Kosten sowie stete Betriebsbereitschaft und absolute Zuverlässigkeit unter allen Arbeitsbedingungen.

Diesen Forderungen wird HANOMAG als eines der ältesten und größten europäischen Schlepperwerke mit der Konstruktion des K 55 in jeder Weise gerecht.

Im K 55 haben die über 30 jährigen Erfahrungen, die HANOMAG unter allen klimatischen Bedingungen - sei es im hohen Norden oder in feuchter Tropenhitze - erworben hat, ihren Niederschlag gefunden.

Die Vielseitigkeit seines Einsatzes ist nicht zu übertreffen. Wenn die betrieblichen Verhältnisse besonders schwierig liegen, das heißt: druckempfindlicher Boden den Einsatz von Radschleppern nicht mehr zulassen oder steile Hänge zu nehmen sind, dann ist der K 55 mit seiner Zughakenleistung von 44 PS und seiner Geländegängigkeit die einzig richtige Maschine.

Betriebserfahrungen führten zu besonderen Konstruktionsmerkmalen:

- Hohe Motorleistung (55 PS bei niedriger Drehzahl von 1300 Umdr./min.)
- Geringer Kraftstoff- und Ölverbrauch
- Starke Kurbelwelle mit gehärteten Lagerzapfen
- Speziallegierte Zylinderbüchsen und hartverchromte Kolbenringe
- Kräftiges Differential
- Dreifache Kraftstoffilterung
- Ölbad-Luftfilter mit Zyklon-Staub-Vorabscheider (denkbar geringer Zylinderverschleiß)
- Größere Kühlwirkung durch Lüftertunnel
- Besonders tief gehärtete Ketten- und Leiträder, bestes Material für Kettenbolzen und -büchsen
- Verstärkte Zahnradgehäuse
- Verlängerte, feststellbare Zugstangenführung
- In Gummi gelagerte Batterien
- Schmierölreinigung über Ölspaltfilter mit automatischer Betätigung

Es sei noch hervorgehoben, daß sämtliche Leistungsangaben vom KTL-Schlepperprüffeld, Rauisch-Holzhausen, gemessen wurden.

Die Bilder aus den Arbeitsgebieten, die wir nachfolgend zeigen, geben Ihnen einen Einblick in die vielseitigen Verwendungsmöglichkeiten des K 55.

Unsere Vertreter geben Ihnen gern alle weiteren Auskünfte.

Motor und Triebwerk sind zu einem geschlossenen Block zusammengefügt. Übersichtlich und klar ist die HANOMAG-Bauweise.

1) Zapfwelle
2) Hinterachsgehäuse mit Lenkdifferential
3) Kupplungspedal
4) Getriebeschalthebel
5) Luftfilter
6) Zylinderkopf
7) Ventilschraube
8) Auspuff
9) Lichtmaschine
10) Vorderachsträger
11) Öldauerfilter
12) Ölsiebfilter
13) Ölmulde
14) Anlasser
15) Zwischenmulde mit Schaltgetriebe und Kupplung
16) Fußbremshebel (feststellbar)
17) Getriebebremse
18) Kettenantriebsrad

Unabhängig gefedert, pendeln die beiden Laufrollenrahmen bis 40 cm Höhenunterschied parallel zu einander, so daß Hindernisse bei weitgehender Schonung der Maschine leicht überwunden werden können.

Der K 55 eignet sich besonders zum Einsatz auf druckempfindlichen oder moorigen Böden. Wetter- und Geländeschwierigkeiten können ihn in seiner Arbeit nicht hindern. Sein Wert zeigt sich deutlich bei Arbeitsbedingungen, unter denen Radschlepper nicht mehr verwendet werden können.

Über Riemenscheibe oder Zapfwelle wird die Energie des kraftvollen 55 PS Motors auf Dreschmaschine, Strohballenpresse, Höhenförderer, Gebläse, Holzverarbeitungsmaschinen, Pumpen usw. übertragen. Das bedeutet: Es können auch dort Arbeitsmaschinen angetrieben werden, wo keine ortsfeste Energieversorgung vorhanden bzw. das Ortsnetz zu schwach ist.

Die Riemenscheibe leistet 52 PS. Sie ist schwenkbar und arbeitet in beiden Drehrichtungen. Das Kreuzen der Treibriemen erübrigt sich.

Als Helfer der Forstwirtschaft und holzverarbeitenden Industrie ist der HANOMAG-Kettenschlepper K 55 von keiner anderen Arbeitsmaschine zu ersetzen. Dort kann der K 55 seine enorme Zugleistung so richtig unter Beweis stellen.

Steigungen, Schlamm, unwegsames Gelände, schwere Zuglasten stellen Anforderungen, denen nur das Beste gewachsen sein kann. Mit dem K 55 und der angebauten Seilwinde ist das Bergen und Verlasten des Langholzes überhaupt kein Problem mehr.

HANOMAG-Diesel

Kettenschlepper werden als deutsche Spitzenerzeugnisse in mehr als 50 Länder der Erde exportiert. Sie bewähren sich seit Jahrzehnten in kalten und heißen Regionen.

Neben der soliden Konstruktion und der hervorragenden Wirtschaftlichkeit hat die einfache Bedienung des K 55 wesentlich dazu beigetragen, daß er sich den Weltmarkt erschloß. Zum Fahren und Warten des Schleppers läßt sich jedermann anlernen. Es sind keinerlei Spezialkenntnisse erforderlich. Wird aber fachmännische Hilfe gebraucht, dann . . . .

. . . . tritt die HANOMAG-Kundendienst-Organisation ein.

Gleichgültig, wo in der Welt ein HANOMAG-Schlepper arbeitet — der betreuende Arm ist lang genug, ihn überall und schnell zu erreichen.

Die Urbarmachung der STEPPE

ist die schwerste Prüfung für einen Kettenschlepper. Der HANOMAG K 55 erfüllt die hier mit Nachdruck gestellte Forderung auf außergewöhnliche Zugleistung, um die verkrustete Erdschwarte aufreißen und den Boden für Kulturen vorbereiten zu können.

In Nordafrikas unermeßlichen Weinfeldern wird der K 55 mit besonders schmalen Laufketten hoch geschätzt. Untergrundlockerung in 70 cm Tiefe bei hartem, ausgedörrtem Boden gehört dort zu den Aufgaben, die nur der Kettenschlepper anstandslos erfüllen kann.

In Indien arbeitet eine große Zahl von HANOMAG-Kettenschleppern zur vollen Zufriedenheit ihrer Besitzer. Laufende Nachbestellungen sind der beste Beweis für den guten Ruf, den sich diese Maschinen erworben haben.

HANOMAG hat das Vertrauen der Welt

Der HANOMAG-Kettenschlepper K 55 wird in drei Ausführungen geliefert:

1. 400 mm breite Ketten mit angegossenen Winkelgreifern (1180 mm Spur)
2. 320 mm breite Ketten (Standardausführung 1180 mm Spur)
3. 260 mm breite Ketten (Schmalspurausführung 995 mm Spur)

TECHNISCHE EINZELHEITEN

Motor

Art und Arbeitsweise	Vorkammer Diesel, Viertakt
Anzahl der Zylinder	4
Durchmesser der Zylinder	110 mm
Hub	150 mm
Hubraum	5702 cm³
Dauerleistung	55 PS
Drehzahl	1300 Umdr./min.
Zylinderbuchsen	auswechselbar
Schmiersystem	Drucköl-Umlaufschmierung
Kühlsystem	Umlaufkühlung mit Wasserpumpe
Kurbelwelle	Vergütungsstahl, 3-fach gelagert Lagerflächen gehärtet
Ölpumpe	Zahnradpumpe
Ölreinigung	durch Spaltfilter
Luftreinigung	Ölbadluftfilter und Zyklon-Vorabscheider
Anlasser	System Bosch
Einspritzpumpe und -ventile	System HANOMAG

Abmessungen

	K 55	K 55 S
Länge über alles	3140 mm	3140 mm
Breite über alles	1535 mm	1350 mm
Höhe bis Oberkante Handrad	1840 mm	1840 mm
Spurweite	1180 mm	995 mm
Bodenfreiheit, vorn	350 mm	350 mm
Bodenfreiheit, hinten	285 mm	285 mm
Zugvorrichtung über Erde	330 mm	330 mm
Wenderadius	3000 mm	3000 mm
Kettenbreite	320 mm oder 400 mm	260 mm
Zapfwellendrehzahl	534 Umdr./min.	
Riemenscheibendrehzahl	575 Umdr./min.	
Riemenscheibendurchmesser	500 mm	

Geschwindigkeiten

1. Gang	2,7 km/std.
2. Gang	4,0 km/std.
3. Gang	6,0 km/std.
Rückw.-Gang	3,5 km/std.

Zughakenkräfte

	K 55 und K 55 S
1. Gang	4350 kg
2. Gang	3050 kg
3. Gang	1850 kg

Gewichte

	K 55	K 55 S
Eigengewicht	4510 kg	4240 kg
Bodendruck		
bei 320 mm Kette	0,48 kg/cm²	
bei 260 mm Kette		0,57 kg/cm²
bei 400 mm Kette	0,40 kg/cm²	

Füllmengen

Kraftstoffbehälter	105 Liter Dieselöl
Motor	15 Liter Motorenöl
Kühlsystem	38 Liter Wasser
Getriebe	32 Liter Getriebeöl

Schaltgetriebe/Kupplung

Vorwärtsgänge	3
Rückwärtsgang	1
Kupplung	Einscheiben-Trockenkupplung

Lenkung/Bremse

Art der Lenkung	mechanische Lenkbremse
Betätigung	Handrad
Art der Bremse	mechanische Außenbandbremse
Betätigung	Fußhebel, feststellbar

Sonderlieferungen

Riemenscheibenantrieb, hintenliegend, schwenkbar für Links- und Rechtslauf (Scheibenbreite 200 mm); Seilwinde mit Abstützung (Zugkraft 3500 kg, Seildurchmesser 12 mm, Seillänge 80 m, Seilgeschwindigkeit 38 m/min.); Polstersitz für 2 Personen; Obere gefederte Zugvorrichtung; Fahrerdach; 400 mm breite Ketten; Aufschraubbare Bodenplatten, 430 mm breit; Hydraulische Pumpe für hydraulisch betätigte Anhängegeräte.

Änderungen vorbehalten!

HANOMAG
HANNOVER
gegründet 1835

Überreicht durch:

HANOMAG K 60

Wenn es der Radschlepper nicht mehr schafft,

dann ist es an der Zeit, einen Kettenschlepper einzusetzen; denn der macht Sie weitgehend unabhängig von den Boden- und Geländeverhältnissen, und Bodendruckschäden können gar nicht mehr auftreten. Ehe Sie sich für ein Fabrikat entscheiden, prüfen Sie bitte alle Einzelheiten sorgfältig und lesen Sie, was wir Ihnen über den neuesten HANOMAG-Kettenschlepper, den K 60, zu sagen haben. Wenn man wie die HANOMAG schon mehr als 35 Jahre Kettenschlepper baut — der erste lief bereits im Jahre 1920 vom Band — so darf man wohl behaupten, daß reiche Erfahrungen auf diesem Gebiet vorliegen, und diese Erfahrungen bedeuten für Sie eine erhebliche Sicherheit! Es wird Sie interessieren, daß unser Kundenkreis für Kettenschlepper sich über mehr als 70 Länder erstreckt und daher die Maschinen praktisch für alle vorkommenden Arbeiten eingesetzt werden.

Solide und stabil im Aufbau

Ein Kettenschlepper muß schon einmal etwas aushalten können. Darum haben wir der Rahmenkonstruktion des K 60 ganz besondere Sorgfalt gewidmet und die Maschine nach unten durch einen schweren „Bauchpanzer" weitgehend abgedichtet. Motor und Getrieberaum sind somit gegen Schmutz und Schlamm wirksam geschützt; eine wichtige Voraussetzung für die große Watfähigkeit der Maschine.

Robustes und kräftiges Laufwerk

Das Laufwerk ist gegen Schmutz und Schlamm weitgehend geschützt, so daß der normale Verschleiß sehr gering ist. Entsprechend den heutigen Einsatzbedingungen wurden an die Stabilität des Laufwerkes die höchsten Ansprüche gestellt. Jede Kette wird unten durch 6 Doppelbundlaufrollen und eine Stützrolle geführt. Die Laufkettenglieder sind aus hochwertigem Vergütungsstahl im Gesenk geschmiedet und gehärtet und daher besonders verschleißfest.

Der sparsame, unempfindliche Zweitaktmotor

entspricht der Gesamtkonstruktion des K 60: wenig Verschleißteile, robust und unempfindlich gegenüber allen Betriebsbedingungen. Es ist ein schlitzgesteuerter Zweizylinder-Zweitakt-Dieselmotor mit Gebläsespülung und direkter Einspritzung. Die Drehmomentenkurve ist außerordentlich günstig. Besondere Beachtung verdient der Kraftstoffverbrauch. Er beträgt nur 169 g/PSh. Das ist sehr wenig, bedeutet es doch, daß der K 60 bei durchschnittlicher Belastung mit 4,5—5 l Kraftstoff pro Betriebsstunde auskommt.

Überreicht durch:

TECHNISCHE DATEN:

Motor:

Art und Arbeitsweise	Zweizylinder-Zweitakt-Dieselmotor mit Gebläsespülung und Strahleinspritzung
Leistung	60 PS bei 1600 U/min
Bohrung	130 mm
Hub	140 mm
Hubraum	3716 cm³
Verdichtung	16,5 : 1
Kolben	Mahle-Speziallegierung
Schmiersystem	Druckölumlaufschmierung
Schmierölpumpe	Zahnradpumpe, bis 45° Motorneigung einwandfrei arbeitend
Ölreinigung	Ölspaltfilter, Magnetfilter, Nebenstromölfilter
Kraftstoffreinigung	Doppelkraftstoffilter
Kühlsystem	Thermostat-Zweikreiskühlung
Anlasser	Fabrikat Bosch
Lichtmaschine	200 W, 24 V
Batterie	2 Batterien à 105 A, 12 V

Abmessungen:

Länge über alles	3475 mm
Breite über alles	1760 mm
Höhe bis Oberkante Auspuff	2090 mm
Spurweite	1270 mm
Bodenfreiheit, vorn	315 mm
Bodenfreiheit, hinten	280 mm
Zugvorrichtung über Erde	385 mm
Wenderadius außen	2150 mm
Gewicht, betriebsfertig	6045 kg

Laufwerk:

Je Seite	1 Leitrad, 6 Laufrollen 1 Stützrolle, 35 Kettenglieder
Kettenbreite	320 mm
Laufrollenrahmen	gepreßtes und geschweißtes Kastenprofil

Geschwindigkeiten:

1. Gang	2,6 km/st	4. Gang	5,5 km/st
2. Gang	3,3 km/st	5. Gang	7,2 km/st
3. Gang	4,3 km/st	6. Gang	9,3 km/st
1. Rückwärtsgang	3,9 km/st		
2. Rückwärtsgang	5,1 km/st		
3. Rückwärtsgang	6,6 km/st		

Zughakenkräfte:

1. Gang	6240 kg	4. Gang	2810 kg
2. Gang	4600 kg	5. Gang	2080 kg
3. Gang	3570 kg		

Zughakenleistung	51,6 PS
Riemenscheibenleistung	59 PS
Zapfwellenleistung	59 PS

Alle Leistungsangaben gemäß Marburg-Test Nr. 156

Kraftstoffverbrauch (im Jahresdurchschnitt) 4,5 — 5 l pro Betriebsstunde

Zur Serienausrüstung gehören:

2 Scheinwerfer vorn, 1 Scheinwerfer hinten, 2 Schlußleuchten, Steckdose, Fernthermometer, Betriebsstundenzähler.

Als Sonderausrüstung wird geliefert:

Riemenscheibenantrieb (Durchmesser 400 mm, Riemenscheibengeschwindigkeit 21 m/sec); obere Zapfwelle 1600 U/min bzw. 740 U/min (linksdrehend) und 1140 U/min (rechtsdrehend); untere Zapfwelle (537 U/min); Seilwinde (Zugkraft 7300 kg, 80 m Seil, Durchmesser 16 mm); 400 mm oder 560 mm breite Bodenplatten, Spurweite 1500 mm (für 560 mm breite Bodenplatten), Straßenschuhe.

Alle HANOMAG-Schlepper erhalten eine Kunstharzlackierung, die größte Widerstandsfähigkeit, Kratzfestigkeit und spiegelnden Hochglanz besitzt.

Die Farben des dargestellten Schleppers sind für die serienmäßige Lackierung als annähernd zu betrachten und daher nicht maßgebend.

Konstruktive Änderungen und Abweichungen vorbehalten.

HANOMAG - HANNOVER

TOV K 60/1/1

HANOMAG K60E

SYSTEM MENCK

SCHWENKSCHILD (ANGLEDOZER)

Für harte Bedingungen und hohe Ansprüche

35 Jahre Erfahrung in der Fertigung und im Einsatz von Kettenschleppern haben die Konstruktion der HANOMAG-Planierraupe K 60 E bestimmt. Zuverlässigkeit und Wirtschaftlichkeit, auch unter den schwierigsten Einsatzbedingungen, sind ihre besonderen Kennzeichen; denn sie ist ausgesprochen robust und stabil gebaut. Alle beweglichen Teile sind gegen Schmutz, Schlamm und Fremdkörper gut geschützt oder unempfindlich gemacht, so daß eine hohe Verschleißfestigkeit gewährleistet ist. Unten ist die Maschine durch einen kräftigen Bauchpanzer abgedeckt.

Der starke Zweitakt-Dieselmotor mit Strahleinspritzung ist eine einfache, robuste und fortschrittliche Konstruktion. Nur 169 g/PSh beträgt der spezifische Kraftstoffverbrauch. Bei üblichen Erdbewegungsarbeiten entspricht diese Menge einem Stundenverbrauch von 6,0 bis 7,5 l/st im Jahresmittel. Diesen günstigen Verbrauchszahlen steht eine außerordentlich gute Drehmoment-Charakteristik gegenüber. Das sogenannte „Abwürgen" des Motors ist ausgeschlossen und überdurchschnittliche Erdbewegungsleistungen werden erzielt.

Die Bedienung der Maschine ist denkbar einfach. Alle Hebel sind so angeordnet, daß sie der Fahrer bequem handhaben kann. 6 Vorwärts- und 3 Rückwärtsgänge in Verbindung mit einer Reversier-Einrichtung ergeben für jeden Einsatzfall die vorteilhafteste Arbeitsgeschwindigkeit. Die Maschine kann sowohl mit Quer- als auch mit Schwenkschild ausgerüstet werden. Beide Schildarten lassen sich ohne nennenswerten Zeitaufwand auf der Baustelle gegeneinander austauschen.

SCHWENKSCHILD (ANGLEDOZER)

SYSTEM FRISCH

TECHNISCHE DATEN: Q

Gesamtlänge . . . .
Gesamtbreite . . . .
Gesamtgewicht, betriebsfertig . . . .
Länge des Planierschildes . . . . . .
Höhe des Planierschildes . . . .
Größte Hubhöhe über Planum . . . .
Tiefste Stellung unter Planum . . . .

TECHN. DATEN: SCHWE

Gesamtlänge bei quergestelltem Planierschild . . . .
Gesamtlänge bei schräggestelltem Planierschild . . . .
Gesamtbreite bei quergestelltem Planierschild . . . .
Gesamtbreite bei schräggestelltem Planierschild . . . .
Gesamtgewicht, betriebsfertig . . . .
Höhe des Planierschildes . . . .
Arbeitsbreite bei schräggestelltem Planierschild . . . .
Größte Hubhöhe des Schildes . . ca.
Tiefste Stellung unter Planum . . . .
Schwenkbarkeit des Schildes nach beiden Seiten je . . . .

RSCHILD (BULLDOZER)

RISCH	MENCK
355 mm	4460 mm
460 mm	2550 mm
355 kg	7380 kg
460 mm	2380 mm
320 mm	865 mm
100 mm	745 mm
270 mm	345 mm

SCHILD (ANGLEDOZER)

RISCH	MENCK
220 mm	4110 mm
820 mm	4840 mm
930 mm	3130 mm
660 mm	2890 mm
015 kg	7630 kg
755 mm	720 mm
660 mm	2860 mm
100 mm	1040 mm
270 mm	470 mm
25°	25°

QUERSCHILD (BULLDOZER)

SYSTEM FRISCH

QUERSCHILD (BULLDOZER)

SYSTEM MENCK

TECHNISCHE DATEN: HANOMAG K 60 E

Art und Arbeitsweise des Motors	Zweizylinder-Zweitakt-Dieselmotor mit Strahleinspritzung, gebläsegespült
Leistung	60 PS bei 1600 U/min
Hubraum	3716 cm³
Schmiersystem	Druckölumlaufschmierung
Schmierölpumpe	Zahnradpumpe, bis 45° Schräglage einwandfrei arbeitend
Ölreinigung	Ölspaltfilter, Magnetfilter, Nebenstromfilter
Kühlsystem	Thermostat-Zweikreiskühlung
Anlasser	Bosch
Schaltgetriebe	6 Vorwärtsgänge 3 Rückwärtsgänge
Geschwindigkeiten	
vorwärts	2,6 - 3,3 - 4,3 - 5,5 - 7,2 - 9,3 km/st
rückwärts	3,9 - 5,1 - 6,6 km/st
Laufwerk (je Seite)	1 Leitrad, 6 Laufrollen, 1 Stützrolle 35 Kettenglieder
Spurweite	1500 mm
Kettenbreite	400 mm, wahlweise 500 mm
Laufrollenrahmen	gepreßtes und geschweißtes Kastenprofil
Kraftstoffverbrauch (im Jahresmittel)	6,0 — 7,5 l pro Betriebsstunde

Grundausrüstung: 400 mm breite Ketten; schwenkbare untere Zugvorrichtung; elektr. Betriebsstundenzähler; elektr. Start- und Beleuchtungsanlage, vollst., dazu 2 Scheinwerfer vorn, 1 Scheinwerfer hinten, Steckdose für Handlampe; gepolsterte Sitzbank; Kühlerschutz und Kühlerjalousie; Kühlwasser-Fernthermometer; durchgehender Bauchschutz; 1 Satz Werkzeuge; Lackierung: grün nach RAL 6004.

Sonderausrüstung: 500 mm breite Ketten; 1 Satz Straßenschuhe (34 Stück); Lenkhydraulik; Fahrerdach mit Windschutzscheibe und Scheibenwischer; Seitenverkleidungsteile zum Fahrerdach; Seilwinde, vor- und rückwärtsgetrieben, 7,2 t max. Zugkraft, 80 m Seil, 16 mm ∅; Seilführung zur Seilwinde; Signalhorn; 2. Sitz auf dem Batteriekasten.

HANOMAG-HANNOVER

Überreicht durch:

90 PS.
HANOMAG
HANOMAG
K90

Die neue HANOMAG-Diesel-Großraupe setzt die Erfahrungen im Kettenschlepperbau von mehr als 30 Jahren in die Praxis um. Diese Zugmaschine wurde für die Land- und Forstwirtschaft der ganzen Welt entwickelt. In moderner Serienfertigung läuft sie in hohen Stückzahlen vom Band. Sie ist in jeder Weise klimafest. Weder tropische Hitze noch größte Kälte können den Einsatz dieses Schleppers behindern. Ein Thermostat bringt den Motor nach wenigen Minuten auf die günstigste Betriebstemperatur und hält diese bei allen Belastungsstufen stets auf der gleichen Höhe.

Die Auflagefläche der Kette beträgt über 2 qm. Es kann daher jeder Moor- oder Wiesenboden befahren werden, der überhaupt von Menschen betreten werden kann. Druckempfindliche Ackerböden werden schonend bearbeitet. Die unabhängig voneinander schwingenden Laufrollenrahmen passen sich allen Bodenunebenheiten geschmeidig an. Durch die leicht zu betätigende Hebellenkung vermag die Maschine sich auch in dichten Waldbeständen, zwischen Felsen, in engen Schluchten und im Gebirge sicher zu bewegen. Sie ist in jeder Weise geländesicher. Die Großraupe K 90 verfügt bei hoher Motorleistung über riesige Zugkräfte und sowohl vorwärts als auch rückwärts über einen zweckmäßig abgestuften Geschwindigkeitsbereich. Einerlei ob diese neue Großraupe in der Landwirtschaft für tiefgründige Pflugarbeit, mit Vielscheibenpflügen, Kultivatoren oder Tiefreißern eingesetzt wird, stets werden hohe Flächenleistungen bei druckschädenfreier Bearbeitung erzielt. In der Forstwirtschaft verwendet man diese moderne Großraupe zum Vollumbruch mit Tiefpflügen, zur Beseitigung von Ortsteinschichten mittels Tiefreißers sowie als Zugmaschine für alle schweren Forstgeräte. Mit der Seilwinde werden Wurzelstöcke gerodet. In schwierigem Waldgelände dient die Winde zum Holzrücken aus Schluchten und schwer zugänglichen Stellen.

Infolge des modernen Diesel-Einspritzverfahrens liegt der Kraftstoffverbrauch sehr günstig und beträgt nur 80 gr/PS/st. Das Kettenlaufwerk ist in Bezug auf Konstruktion, Materialauswahl und Fertigungsverfahren so durchgebildet, daß sich der Verschleiß in engen Grenzen hält. Neuartige Abdichtungen sichern lange Lebensdauer der Laufrollen und halten die Reparaturkosten niedrig.

HANOMAG K 90 — ein Maximum an Leistung, ein Maximum an Wirtschaftlichkeit.

Die Groß-Raupe K 90 ist eine Halbrahmenkonstruktion mit angeschraubtem Lenkkupplungsgehäuse. Der Rahmen nimmt den gummigelagerten Motor mit Kupplung und Kühler und den Kraftstoffbehälter auf. Das Schaltgetriebe und der Fahrersitz sind an das Lenkkupplungsgehäuse angeschraubt. Auf der Kettenradachse sind die Laufrollenrahmen schwenkbar mit Schwingarmen zweimal gelagert. Die Laufrollenrahmen, einschließlich der Leitradfederung, sind sorgfältig verkleidet und gegen das Eindringen von Schmutz und Wasser geschützt. Staub- und wassergeschützte Gleitlager halten den Verschleiß der Laufrollen niedrig. Die Kettenbolzen sind durch Labyrinthdichtungen weitestgehend vor Verschleiß geschützt.

Zu den konstruktiven Besonderheiten gehört eine groß bemessene Umwälzpumpe für das Kühlwasser. Zur Schmierölreinigung sind Spalt-, Sieb- und Magnet-Filter hintereinander im Ölstrom angeordnet. Selbst bei einer Neigung von 70% versorgt die Ölpumpe sämtliche Motorenschmierstellen mit Schmieröl.

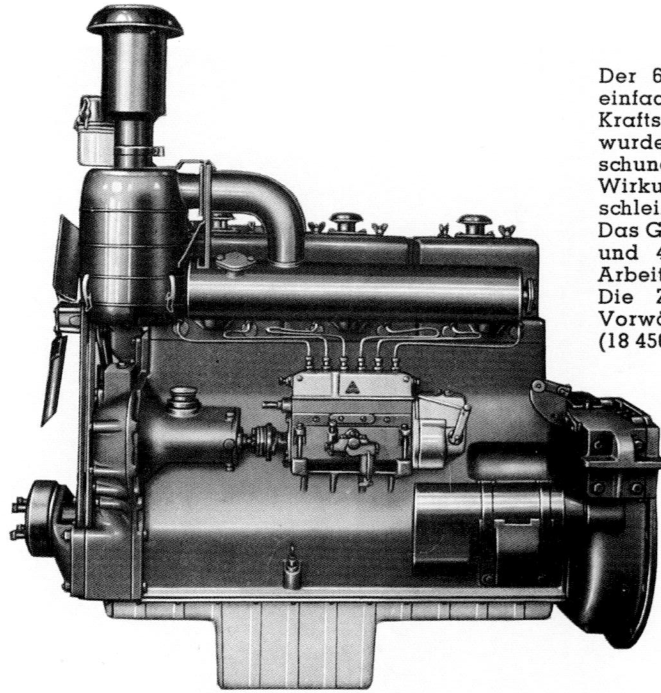

Der 6-Zylinder-Diesel-Motor ist einfach und robust gebaut. Luft-, Kraftstoff- und Schmierölfilterung wurden durch langwierige Forschungsarbeit auf fast 100 % Wirkungsgrad gebracht. Der Verschleiß ist daher denkbar gering. Das Getriebe ist mit 5 Vorwärts- und 4 Rückwärtsgängen allen Arbeitsbedingungen angepaßt. Die Zughakenkraft im ersten Vorwärtsgang beträgt 8370 kg (18 450 lbs.) und im fünften Gang noch 1590 kg (3500 lbs.)

Die Seilwinde ist besonders zugstark. Trommeldurchmesser: 270 mm ($10^5/_8$ in.), Seildurchmesser: 19 mm ($^3/_4$ in.), Seillänge: 100 m (110 yds.), mittlere Seilgeschwindigkeit: 30 m/min. (33 yds.), max. Zugkraft: 12 000 kg (26 460 lbs.).

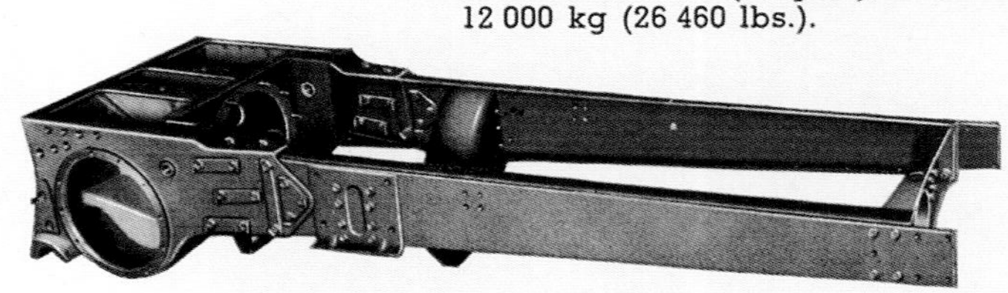

Alle von außen einwirkenden Kräfte werden von dem widerstandsfähigen Halbrahmen sicher aufgenommen.

Pendelnder seitensteifer Rahmen mit 7 Laufrollen, 2 Tragrollen und gefedertem Umlenkrad.

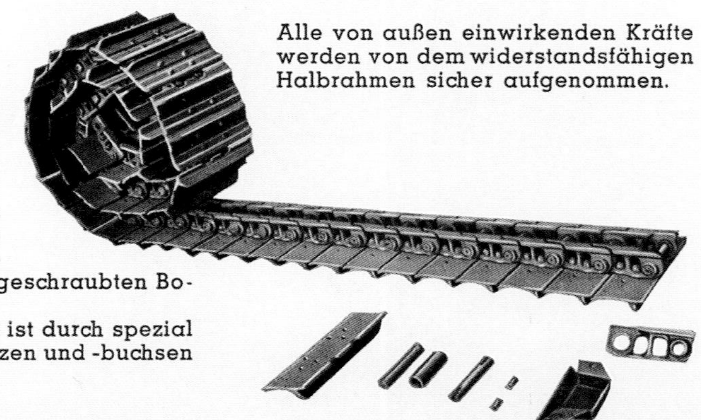

Die Laufketten des K 90 bestehen aus geschmiedeten Kettengliedern mit aufgeschraubten Bodenplatten.
Verschleißfestigkeit ist durch spezial gehärtete Kettenbolzen und -buchsen gewährleistet.

Der Anhänge-Scheibenpflug TSS 80 ist außergewöhnlich robust gebaut. Ganz besonders geeignet für harten, ausgebrannten Boden zum Tiefpflügen, Umbruch von Neuland, aber auch bei Arbeiten in Forstkulturen. Große Flächenleistung, automatische Einsetz- und Aushebevorrichtung. Schnittbreiten- und Schnittwinkelverstellung, Scheiben in Kegelrollenlagern gelagert. Die Räder können bei besonders schwierigen Verhältnissen mit Belastungsgewichten versehen werden.

Scheibenzahl 5—6.

Tiefgangbereich bis zu	40 cm	($15\frac{3}{4}$ in.)
Arbeitsbreite	120—180 cm	($47\frac{1}{4}$—$70\frac{7}{8}$ in.)
Gewicht ca.	1900 kg	(4200 lbs.)
Scheibendurchmesser	710 mm	($27\frac{15}{16}$ in.)

Der Tiefpflug „Stubbenknecht" ist ein Spezial-Pflug für Ödlandumbruch. Durch seine kräftige Konstruktion ist er allen schweren Beanspruchungen gewachsen. Verschleißteile sind gehärtet und vergütet.

TK 60 Tiefgang bis 60 cm ($23\frac{5}{8}$ in.), Körperhöhe 100 cm ($39\frac{3}{8}$ in.), Gewicht 1650 kg (3650 lbs.)

TK 75 Tiefgang bis 75 cm ($29\frac{1}{2}$ in.), Körperhöhe 110 cm ($43\frac{5}{16}$ in.), Gewicht 1800 kg (3970 lbs.)

TK 85 Tiefgang bis 85 cm ($33\frac{7}{16}$ in.), Körperhöhe 110 cm $43\frac{5}{16}$ in.), Gewicht ca. 2000 kg (4400 lbs.)

Arbeitsbreite jeweils 45 cm ($17\frac{3}{4}$ in.)

Der Anhänge-Tiefkulturpflug GOLIATH I ist auch den stärksten Beanspruchungen bei der Anlage von Baumkulturen, Weinbergen und Meliorationsarbeiten gewachsen. Sehr schwere Konstruktion aus hochwertigem Stahlmaterial. Ausgerüstet mit einem Spezialkörper.

Verschleißteile sind gehärtet und vergütet.

Tiefgangbereich bis zu	70 cm	($27\frac{1}{2}$ in.)
Arbeitsbreite	38 cm	($14\frac{16}{16}$ in.)
Rahmenhöhe	95 cm	($37\frac{7}{16}$ in.)
Gewicht ca.	1428 kg	(3150 lbs.)

Anhängegrubber „Güstrow" mit automatischer Ein- und Ausrückvorrichtung und Tiefenregulierung vom Schleppersitz aus. Die Zinken sind einzeln gefedert und setzen sich somit über starke Widerstände im Boden hinweg ohne Schaden zu nehmen. Jeder Zinken ist nachstellbar, so daß die Schare voll aufzubrauchen sind. Radspurbearbeitend. Kein Verstopfen durch große Durchlässe. Völlig durcharbeiteter Boden. Leichte, stabile Bauart. Grubberschare auswechselbar (in Breiten von 65—200 mm [$2\frac{1}{2}$—$7\frac{7}{8}$ in.]).

Arbeitsbreite bei zwei angehängten Grubbern 600 cm (19 ft. 8 in.).

TECHNISCHE EINZELHEITEN

Motor

Art und Arbeitsweise	Viertakt-Diesel, Baumuster D 93
Anzahl der Zylinder	6
Durchmesser der Zylinder	115 mm ($4^1/_2$ in.)
Hub des Zylinders	150 mm ($5^{29}/_{32}$ in.)
Hubraum	9348 cm³ (570,1 cu. in.)
Dauerleistung	90 PS
Drehzahl	1300 Umdr./min
Zylinderbuchsen	aus mit Chrom und Molybdän legiertem Schleuderguß, auswechselbar
Schmiersystem	Druckölumlaufschmierung
Kühlsystem	Umlaufkühlung mit Wasserpumpe und Thermostat
Anlaßvorrichtung	10 PS Zweitakt-Benzinmotor oder elektrischer Anlasser
Einspritzpumpe und -ventile	System Bosch oder Deckel

Schaltgetriebe

5 Vorwärtsgänge und 4 Rückwärtsgänge

1 Schalthebel für Vorwärts- und Rückwärtsfahrt

1 Schalthebel für d. Gangwechsel

Geschwindigkeiten, vorwärts	1. Gang 2,5 km/st (1,55 m.p.h.)
	2. Gang 3,7 km/st (2,30 m.p.h.)
	3. Gang 4,6 km/st (2,86 m.p.h.)
	4. Gang 6,5 km/st (4,04 m.p.h.)
	5. Gang 9,7 km/st (6,03 m.p.h.)
Geschwindigkeiten, rückwärts	1. Gang 3,5 km/st (2,17 m.p.h.)
	2. Gang 5,2 km/st (3,23 m.p.h.)
	3. Gang 6,5 km/st (4,04 m.p.h.)
	4. Gang 9,1 km/st (5,65 m.p.h.)
Zughakenkräfte	1. Gang 8370 kg (18 450 lbs.)
	2. Gang 5330 kg (11 750 lbs.)
	3. Gang 4130 kg (9 100 lbs.)
	4. Gang 2690 kg (5 930 lbs.)
	5. Gang 1590 kg (3 500 lbs.)

Fahrwerk

Lenkgetriebe	Lenkkupplungen mit Handhebel, Fußbremshebel für kurze Wenderadien
Laufrollenrahmen	geschweißtes verwindungsfreies Kastenprofil
Kettenbreite	normal 460 mm (18 in.) auf Wunsch 560 mm (22 in.)

Abmessungen und Gewichte

Größte Länge	4070 mm — $160^1/_4$ in. (13 ft. $4^1/_4$ in.)
Größte Breite	2168 mm — $85^1/_3$ in. (7 ft. $1^1/_3$ in.) bei 460 mm-Kette
	2210 mm — 87 in. (7 ft. 3 in.) bei 560 mm-Kette
Größte Höhe	1832 mm = $72^1/_8$ in. (6 ft. $^1/_8$ in.) (Oberkante Sitzlehne)
Spurweite	1650 mm = 65 in. (5 ft. 5 in.)
Bodenfreiheit	335 mm = $13^3/_{16}$ in. (1 ft. $1^3/_{16}$ in.)
Gesamtgewicht (460 mm-Kette)	8700 kg (19 180 lbs.)
Bodendruck	0,39 kg/cm² ($5^1/_2$ lbs./sq. in.) bei 460 mm-Kette
	0,32 kg/cm² ($4^1/_2$ lbs./sq. in.) bei 560 mm-Kette

Auf Wunsch

Seilwinde, Laufrollenschutzbleche, Verdeck, Straßenschuhe.

Konstruktive Änderungen und Abweichungen vorbehalten!

Überreicht durch:

HANOMAG
HANNOVER

Druck: Theodor Oppermann Verlag, Hannover-Kirchrode

Prosp. Nr. 226

HANOMAG
Bulldozer K90E
Für Planierarbeiten in besonders schwerem bzw. felsigem Boden oder für lange Förderwege.
HANOMAG
HANOMAG
HANOMAG
90 PS Diesel-Motor, 6 Zylinder, Hubraum 9300 cm³, Vorwärtsgänge: 2,5 - 3,7 - 4,6 - 6,5 - 9,7 km/st, Rückwärtsgänge: 3,5 - 5,2 - 6,5 - 9,1 km/st, max. Zughakenkraft 8370 kg, Kettenbreite: 460 oder 560 mm.
System Frisch. Planierschildlänge 2660 mm, Planierschildhöhe 1050 mm, Hubhöhe 1130 mm, Einstechtiefe 320 mm, einseitige Überhöhung des Planierschildes 0 - 280 mm.
System Menck. Planierschildlänge 2690 mm, Planierschildhöhe 1030 mm, Hubhöhe 1150 mm, Einstechtiefe 535 mm.
Prospekt Nr. 236

HANOMAG

Angledozer K 90 E

Für Seitenförderung, Anschneiden von Abhängen, Planierarbeiten auf großen Flächen und alle Straßenbauarbeiten.

90 PS Diesel-Motor, 6 Zylinder, Hubraum 9300 cm^3, Vorwärtsgänge: 2,5 - 3,7 - 4,6 - 6,5 - 9,7 km/st, Rückwärtsgänge: 3,5 - 5,2 - 6,5 - 9,1 km/st, max. Zughakenkraft 8370 kg, Kettenbreite: 460 oder 560 mm.

System Frisch. Planierschildlänge 3400 mm, Planierschildhöhe 900 mm, Hubhöhe 1150 mm, Einstechtiefe 325 mm, Schwenkbarkeit des Schildes nach beiden Seiten je 25°, einseitige Überhöhung des Planierschildes 0 - 320 mm.

System Menck. Planierschildlänge 3680 mm, Planierschildhöhe 860 mm, Hubhöhe 1280 mm, Einstechtiefe 600 mm, Schwenkbarkeit des Schildes nach beiden Seiten 25° und 30°, einseitige Überhöhung des Planierschildes 0 - 380 mm.

Zugleistung: auf ebener Straße Anhängelast ca 3,5 to bei 12 km/Std.
Kraft am Zughaken: 8 PS
Leistung an der Ackerschiene: ca 500 kg
Zugvorrichtung: Mittelzugvorrichtung mit Ackerschiene und Anbaukupplung.
Zapfwelle: 540 U/min.
Die Bedienung der UNIRAG Kleinraupe ist einfach, ihre Arbeitsweise genau, selbst schwierigste Arbeiten bei ungünstigen Bodenverhältnissen werden mit großer Sicherheit ausgeführt.
Verlangen Sie bitte unsere Spezial- Angebote, wenn Sie für dieses Universal-Fahrzeug noch nicht besprochene Einsatzmöglichkeiten sehen.
HÜTTENWERK MICHELSTADT A.. G.
MICHELSTADT/ODENWALD
UNIRAG
Die
UNIVERSAL-
DIESELKLEINRAUPE

Wir stellen vor

DIE UNIRAG

DIESELKLEINRAUPE

Sie wird zum zuverlässigen Helfer durch

- große Zugkraft
- geringen Bodendruck
- leichte und sichere Lenkung
- tiefliegenden Schwerpunkt
- verstellbare Spurweite
- große Bodenfreiheit
- wirtschaftlichen Betrieb
- den bewährten »Sachs-Diesel«
- die patentierten wartungsfreien Stahlglieder-Gummiketten

und

eine vielseitige Einsatzmöglichkeit

TECHNISCHE-EINZELHEITEN

Motor:		Sachs-Diesel 500
	Arbeitsverfahren:	Zweitakt-Diesel mit Wirbelkammer
	Hub:	100 mm
	Bohrung:	80 mm
	Zylinderinhalt:	499 cm³
	Dauerleistung:	9 PS bei 2000 U/min.
	Leistung:	10 PS
	Verdichtung:	20:1 bezogen auf gesamten Hub.
	Kühlung:	Wasserkühlung m. Röhrenkühler ohne Pumpe.
	Schmierung:	Frischölschmierung.
	Einspritzanlage:	Boschpumpe P. F. R. 1 A 50/17
	Luftfilter:	Ölbadfilter LOZ 1,6–16
	Kraftstoffverbrauch:	je nach Belastung 0,6–0,8 Liter/Std.
	Schmierölverbrauch:	bei 2000 U/min. 100ccm je nach Belastung.
Triebwerk:		Präzisionsschaltgetriebe im Vollölbad mit 3 Vorwärts- und einem Rückwärtsgang, verbunden mit Lenkgetriebe und Portalantrieb.
Geschwindigkeiten:		1. Gang 2,8 km/Std.
		2. „ 5,8 km/Std.
		3. „ 12,- km/Std.
		Rückwärtsgang 1,8 km/Std.
Laufwerk:		Doppelrollen-Laufwerk mit Antriebs- u. Leitrad.
Ketten:		Patentierte wartungsfreie Stahlglieder-Gummiketten.
Spurweite:		580 mm, verstellbar auf 660 und 740 mm,
Lenkung:		Bremslenkung durch 2 Handhebel.
Anlassen:		durch einschrauben einer Zündlunte und durch drehen der Handkurbel. Bei warmem Motor ist keine Zündlunte nötig.
Maße und Gewicht:	Ges. Länge	2000 mm
	größte Breite	700 mm
	größte Höhe	1200 mm
	Bodenfreiheit	260 mm
	Breite der Kette	120 mm
	Gesamtgewicht	550 kg
	Bodendruck	0,35 kg/cm²
	Wendekreisdurchmesser ca.	2000 mm

Konstruktionsänderungen vorbehalten

Technische Daten der 1010 Planierraupe

Motor 4-Zyl.-4-Takt-Dieselmotor

Nennleistung 40 PS bei 2500 U/min

Triebwerk

Schubrad-Wechselgetriebe. 4 Vorwärtsgänge, 1 Rückwärtsgang. Das „nasse" Umkehrgetriebe ist hydraulisch gesteuert. Es gestattet, jede Geschwindigkeit vor- oder rückwärts zu fahren, ohne Zahnräder zu schalten.

Lenkung Kupplungslenkbremse

Endantrieb Kegelrollenlager

Hydraulikanlage

Cessna-Pumpe, von der Kurbelwelle direkt angetrieben. Leistung: 46,5 l/min bei einem Druck von 110 atü. Zweikreis-Steuerventil für Heben, Drücken und Schwimmstellung. 2 doppelt wirkende Arbeitszylinder, 76,2 ı Hub 405 mm

Fahrwerk

Geschweißter Ketterrollenrahmen mit 5 Laufrollen. Anzahl der Kettenschuhe je Seite : 36. Länge der Kettenauflage: 1,76 m. Auflagefläche der Ketten: mit 12''-Platten = 1,07 m². Bodendruck bei 12''-Platten = 0,34 kg/cm². Spurbreite: 1,22 m. Kettenspannung: mechanisch. Kettenplatten: 12''-Greiferplatten.

Planiergerät

Größte Aushubhöhe		1220 mm
Schürftiefe		300 mm
Schwenkwinkel		25° nach links und rechts
Schildabmessungen	Breite	2280 mm
	Höhe	585 mm
Schneidkante		dreiteilig, vergütet, verstellbare Gleitschuhe
Tragarme		Kastenprofil, geschweißt, verstärkt, 12,5 mm stark
Gewicht des Gerätes		668 kg
Gewicht der Planierraupe		3700 kg
Sonderzubehör		6 Gegengewichte zu je 45,3 kg auf der Schildoberkante bei Tieflöffelkombination.

JOHN DEERE - LANZ
AKTIENGESELLSCHAFT
MANNHEIM

61 016
jum

Gedruckt in Deutschland

JOHN DEERE-LANZ
1010 Planierraupe

Mit der „Zehn-zehn", einer Weiterentwicklung der vorzüglichen 440 IC, bringt JOHN DEERE-LANZ eine Arbeitsmaschine auf den Baumarkt, die durch ihre bedeutend erhöhte Leistung, den neuen technischen Vorteilen sowie dem raffinierten Fahr- und Bedienungskomfort genau den hohen Anforderungen der Bauwirtschaft entspricht.

Das wohlausgeglichene Verhältnis von Dauerleistung, Geschwindigkeit, Eigengewicht, Wendigkeit, Abmessungen, leichter Bedienung und Anlenkung der Arbeitsgeräte macht die „Zehn-zehn" zur begehrten, wertvollen Arbeitsmaschine auf allen Bausektoren.

Der elastische Kurzhub-Motor garantiert einen wirtschaftlichen Dauerbetrieb unter schwierigen Verhältnissen.

Diese wesentliche Forderung wird von dem neuen 4-Zylinder-4-Takter mit seinen 40 PS ohne weiteres erfüllt.

Der wassergekühlte JOHN DEERE-LANZ-Motor ist als Kurzhub-Motor ausgebildet. Das bedeutet: Geringe Kolbengeschwindigkeit, geringen Verschleiß, geringe Bauhöhe und geringes Gewicht.

Ein anderer Vorzug ist das Wirbelkammerbrennverfahren, das eine weiche und geräuscharme, zugleich aber eine sehr intensive Verbrennung gewährleistet. Damit ist ein ruhiger Motorlauf bei bester Kraftstoffausnutzung sowie ein sicheres Starten auch bei niedrigen Temperaturen gesichert.

Die technischen Daten dieses Motors sprechen für sich:

Leistung	40 PS bei 2500 U/min
Zylinderzahl	4
Arbeitsweise	4-Takt
Arbeitsverfahren	indirekte Einspritzung (Wirbelkammer)
Bohrung	92 mm
Hub	89 mm
Hubraum	2370 ccm
Verd.-Verhältnis	17,5 : 1
max. Drehmoment	11,8 mkg
Schmierung	Druckumlauf
Kühlung	Wasser-Umlaufkühlung, Zweikreis mit Thermostat
Regler	Fliehkraftregler
Kurbelwelle	induktionsgehärtet, ausgewuchtet, 5-fach gelagert
Luftfilter	Ölbadluftfilter
Kolben	Leichtmetall, 3 Verd.-Ringe, 1 Ölabstreifring

Der Schnitt zeigt deutlich die Wirbelkammer mit Einspritzdüse und Glühstift, sowie die „nasse" auswechselbare Laufbüchse.

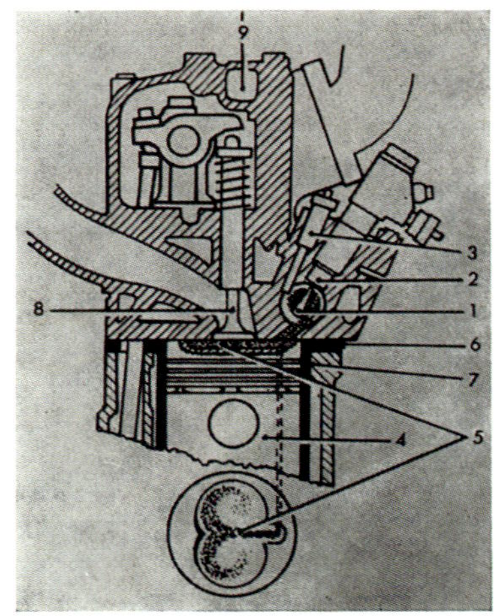

In diesem Querschnitt bedeuten:
1 — Kugelförmige Wirbelkammer; Kraftstoff tritt in Form eines Kegels ein
2 — Einloch-Zapfendüse
3 — Stift-Glühkerze zur Starterleichterung
4 — Leichtmetallkolben
5 — Aussparung im Kolbenboden zur intensiven Verwirbelung des Brennstoff-Luftgemisches
6 — Durchgehende Stahlplatte, mit den verlöteten Zylinderlaufbüchsen
7 — Nasse Zylinderlaufbüchsen
8 — Auslaßventil
9 — Kühlwasserkanal im Zylinderkopfdeckel

Großer Arbeitsbereich und volle Ausnutzung der Motorleistung.

Das geräuscharm arbeitende 4-Gang-Schubrad-Wechselgetriebe gewährleistet einen weiten Bereich von Arbeitsgeschwindigkeiten.

Die besonders kräftige Konstruktion des Getriebes wurde auf die rauhen Einsatzbedingungen einer Planierraupe abgestimmt, verbürgt lange Lebensdauer und sichert ihre Einsatzbereitschaft.

Geschwindigkeitsbereiche der „Zehn-zehn":

Gang	1500 U/min	2500 U/min
1.	1,35 km/h	2,25 km/h
2.	1,86 km/h	3,10 km/h
3.	3,20 km/h	5,33 km/h
4.	6,30 km/h	10,50 km/h
Rw.	1,86 km/h	3,10 km/h

Zügige Arbeit durch das hydraulisch gesteuerte Umkehrgetriebe

Das Spezial-Umkehrgetriebe bietet einen besonderen arbeitswirtschaftlichen Vorteil. Beim Fahrtrichtungswechsel entfällt das Kuppeln und Schalten.

... ein einziger Handgriff — und die „Zehn-zehn" kann von jedem beliebigen Gang von Vor- auf Rückwärtsfahrt und umgekehrt gebracht werden, ohne zu kuppeln oder Zahnräder zu schalten.

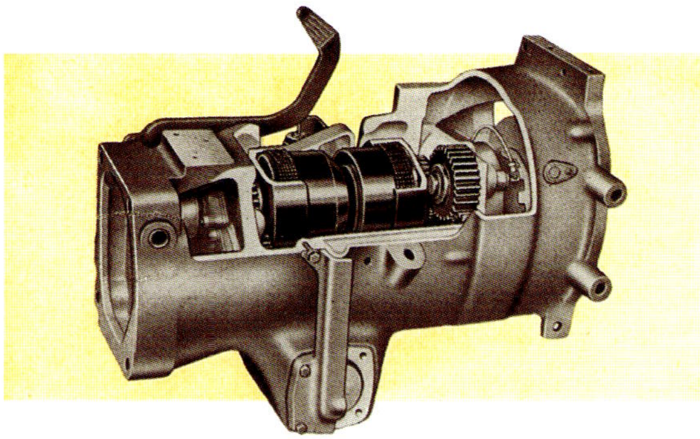

Das Umkehrgetriebe übernimmt bei der 1010 Planierraupe gleichzeitig die Funktion der Motorkupplung. Es besteht aus zwei Lamellenpaketen, die abwechselnd hydraulisch ein- oder ausgekuppelt werden und damit die Drehrichtung des Getriebes im Verhältnis 1 : 1 (ohne Geschwindigkeitsänderung) ändern. Werden beide Lamellenpakete entkuppelt, dann wirkt das Umkehrgetriebe als Motorkupplung und schaltet das Getriebe ab.

Langes 5-Rollen-Laufwerk mit ausgezeichneter Bodenhaftung und geringem Bodendruck.

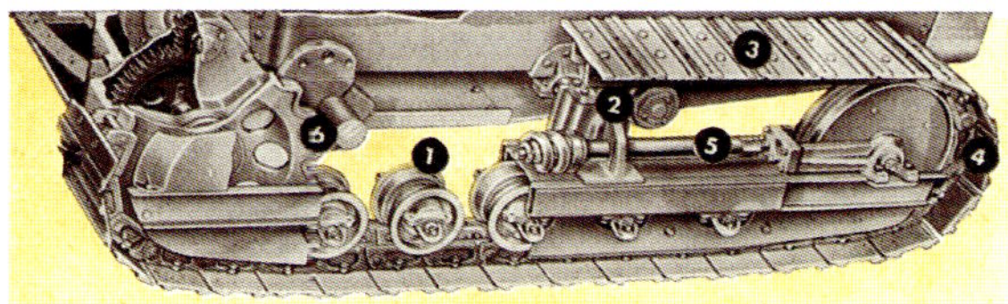

1 — 5 Laufrollen, im Gesenk geschmiedet und induktiv gehärtet.
2 — Stützrolle, im Gesenk geschmiedet und induktiv gehärtet.
3 — Gehärtete Platten.
4 — Robuste, im Gesenk geschmiedete gehärtete Kettenglieder mit gehärteten Bolzen und austauschbaren Buchsen.
5 — Kettenspannvorrichtung in Einpunkt-Einstellung.
6 — Triebrad aus vergütetem Stahlguß.

Jeder, der die „Zehn-zehn" schon bei der Arbeit gesehen hat, bestätigt immer wieder das eine:

Diese Raupe kommt auf jedem Boden spielend leicht vorwärts.

Das stabile Laufwerk mit einer Auflagelänge von je 1,76 m und einer ausgezeichneten Bodenhaftung verleiht der „Zehn-zehn" eine sprichwörtliche Rutschsicherheit. Mit allen Geräten ist eine gute Gewichtsverteilung gesichert.

Die Kettenspannung wird mit Hilfe einer starken Schraubenfeder erreicht, die mit einer sehr einfachen Kettenspannvorrichtung kombiniert ist.

Gute Fahrer verlangen Fahrkomfort — heute mehr denn je!

Der bequeme, verstellbare Sitz, die geräumige Plattform und die übersichtliche, richtige Hebelanordnung ermöglichen dem Fahrer ein weitgehend ermüdungsfreies Arbeiten.

Mit Ausnahme der beiden Lenkhebel sind alle andern Hebel und Bedienungsorgane in das Armaturenbrett verlegt.

..... und so sehen Sie vom Fahrersitz aus das Instrumentenbrett und die Bedienungsvorrichtungen:

1 — Umkehrhebel
2 — Lenkhebel
3 — Handgashebel
4 — Gangschalthebel
5 — Fußbremspedal
6 — Kupplungsfußpedal
7 — Kraftstoff-abstellhahn
8 — Anlaß-Schalter
9 — Zigarrenanzünder
10 — Traktometer (Drehzahl- und Betriebsstundenzähler)
11 — Wassertemperaturanzeige
12 — Kraftstoffanzeige
13 — Umkehrgetriebe-Öldruckanzeige

Der serienmäßige Sitz ist mit Sprungfedern und einer Schaumgummipolsterung versehen.

Der „de luxe"-Sitz (Sonderausrüstung) ist zusätzlich mit einer federnd befestigten, schaumgummigepolsterten Rückenlehne und Armlehnen ausgestattet und gibt ein besonders großes Maß an Bequemlichkeit.

Selbstverständlich sind beide Sitze in der Höhe als auch nach vorn und hinten verstellbar.

Ein Schild für harte Schub- und Planierarbeiten — vor allem auch für Feinplanungen.

Ein kräftiger, verwindungssteifer außengeführter Schubrahmen trägt das Planierschild an den Außenkanten. Zur äußersten Stabilität ist das Schild noch zusätzlich in der Mitte gehaltert.

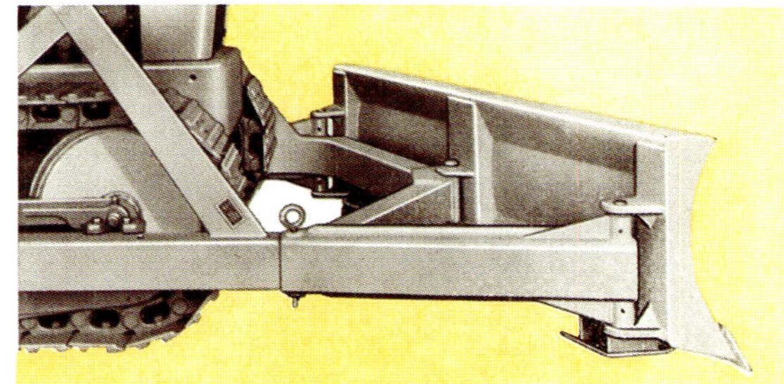

Die Befestigungsbolzen für den Schubrahmen liegen unterhalb des Schlepperschwerpunktes und sichern dadurch eine besonders hohe Stabilität sowie eine schnelle Montage des Gerätes.

Der Schwenkwinkel des Schildes ist durch einfaches Verschieben der beiden vorderen Tragarme um 25° nach links und rechts verstellbar.

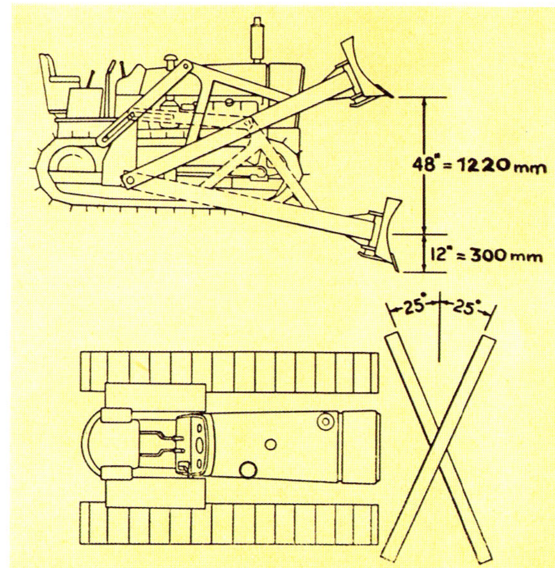

Zur sicheren Schildführung dienen einstellbare Gleitschuhe. Sie steigern den Genauigkeitsgrad einer Feinplane.

Zum erhöhten Nutzen kann die Schneidkante umgedreht werden — ein Merkmal, das sich kostensparend auswirkt.

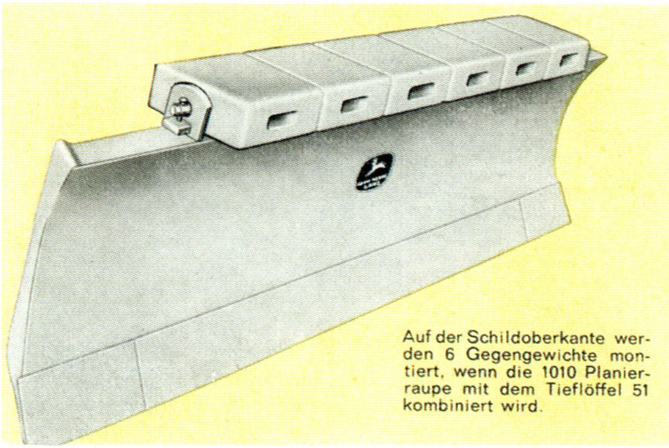

Auf der Schildoberkante werden 6 Gegengewichte montiert, wenn die 1010 Planierraupe mit dem Tieflöffel 51 kombiniert wird.

Hydraulik-Anlage von hoher Leistungsfähigkeit

Das Planiergerät wird über ein Zweikreis-Ventil gesteuert. Der eine Steuerkreis dient zum Heben und Drücken des Schildes, während der zweite ein Heckanbaugerät, z. B. den Aufreißer 35 mit Öldruck versorgt.

Die zwei Arbeitszylinder liegen links und rechts neben dem Fahrersitz. Mit einer Schiene sind sie gegen Beschädigungen geschützt.

Die von der Kurbelwelle angetriebene Pumpe liefert bei einem Betriebsdruck von 110 atü eine Ölmenge von 46,5 l/min.

Wird die 1010 Planierraupe mit dem Tieflöffel 51 kombiniert, dann kommt die Hydraulik-Anlage des Tieflöffels mit größerer Fördermenge zum Einsatz, an die das Planiergerät mit angeschlossen wird.

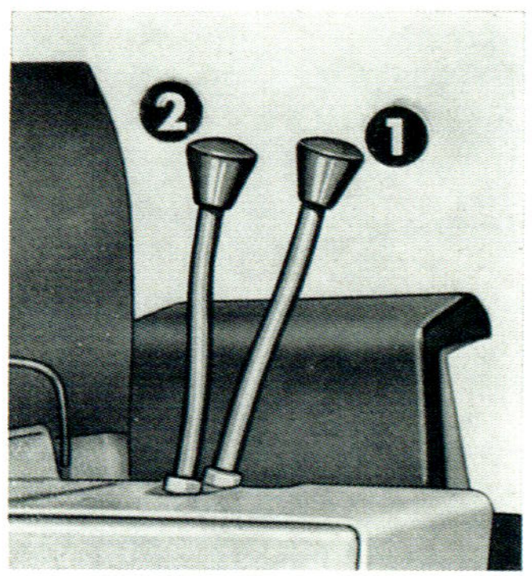

1 = Hydraulik-Hebel zum Heben und Drücken des Schildes.
2 = Hydraulik-Hebel für Heckanbaugerät.

Eine notwendige Ergänzung zur 1010 Planierraupe ist der hydraulische Heckaufreißer 35, der vor allem auf sehr festen und harten Böden den Wirkungsgrad des Laders erhöht.

Der Heckaufreißer 35 hat keine eigene Hydraulik-Anlage, sondern wird an das Steuergerät des Planiergerätes angeschlossen, in welchem ein Steuerkreis für diese Kombination vorgesehen ist.

Daten des Heckaufreißers 35.

Arbeitsbreite	1120 mm
Max. Eindringtiefe	272 mm
Bodenfreiheit am Querträger	355 mm
Rahmen	geschweißte Kastenkonstruktion, 16-mm-Stahlblech
Reißzähne	3 Stück serienmäßig, gesenkgeschmiedet, vergütet, auswechselbare Spitzen
Hydraulische Anlage . . .	2 Arbeitszylinder Bohrung: 63,5 mm Hub: 380 mm
Gewicht	320 kg

Ein hochinteressantes Kombinationsgerät zur 1010 Planierraupe ist der Tieflöffel 51.

Alle Bewegungen des Gerätes, Heben und Senken der Ausleger, Graben und Schütten des Löffels und Schwenken des Gerätes werden nur durch 2 Hebel ausgeführt.

Durch diese Art der Steuerung wird eine sonst unerreichte Arbeitsgeschwindigkeit vermittelt.

Ein weiterer arbeitstechnisch besonders wichtiger Vorteil: Der Ausleger kann über die gesamte Raupenbreite in 5 verschiedenen Positionen eingestellt werden.

Arbeitsleistungen und Daten des Tieflöffels 51:

Grabtiefe	4,10 m
Reichweite (vom Drehpunkt aus)	5,00 m
Ladehöhe	3,30 m
Grabkraft	3720 kg
Max. Reißkraft	9050 kg
Schwenkbereich	180 °
Max. Schüttwinkel des Löffels	155 — 170°
Rückkippwinkel des Löffels	27 — 45°
Abbauzeit	5 min
Verschiebezeit :	15 min

KAELBLE
KAELBLE

Le tracteur à chenilles
bouclier rigide ou ré
25° de chaque côté
supérieurs de soutien,
positions verticale et
10°
10°
Une seule personne assure faci-
lement le réglage du bouclier.
10°
10°

Une large garde au sol du tracteur est d'une importance capitale pour les travaux en forêts. Les deux mécanismés d'entraînement des chenilles tournent séparément et permettent leur adaptation aux terrains les plus difficiles sans que la stabilité du tracteur en soit influencée.

LE peut être équipé à volontè d'un l'orientation de ce dernier est de nachine. Par l'ajustage des tubes l'incliner en outre de 10° sur ses ale.

Le bouclier, robustement construit dans son ensemble, et sa lame d'acier extrêmement résistante sont particulièrement appropriés au refoulement d'éboulis et de déblais.

Les leviers de commande sont très accessibles et, de son siège, le conducteur possède une bonne visibilité de tous les côtés.

Le crochet
le remorqu
PR 125 s'exp

Le treuil de 11 tonnes, extr
déplacement de lourdes cha

Grâce à la faible pression, d'un demi-kilo environ par centimètre carré qu'elle exerce, la chenille ne peut s'enfoncer dans un soussol peu résistant. Elle s'agrippe fortement, se nettoie d'elle-même et rend possible le tassement immédiat de remblai fraîchement étendu. Par conséquent, il n'en résulte pas d'attente désagréable pour l'utilisation ultérieure du terrain. Grâce au freinage séparé de chaque chenille le tracteur peut circuler sur des courbes étroites, ce qui constitue de ce fait un gain de temps considérable.

Le tracteur à chenilles KAELBLE est réputé pour sa grande économie dans les terrassements de toute nature comme la construction des routes, l'aménagement d'aérodromes et de terrains de sport, dans les carrières et les mines pour le déblaiement de décombres ou de neige.

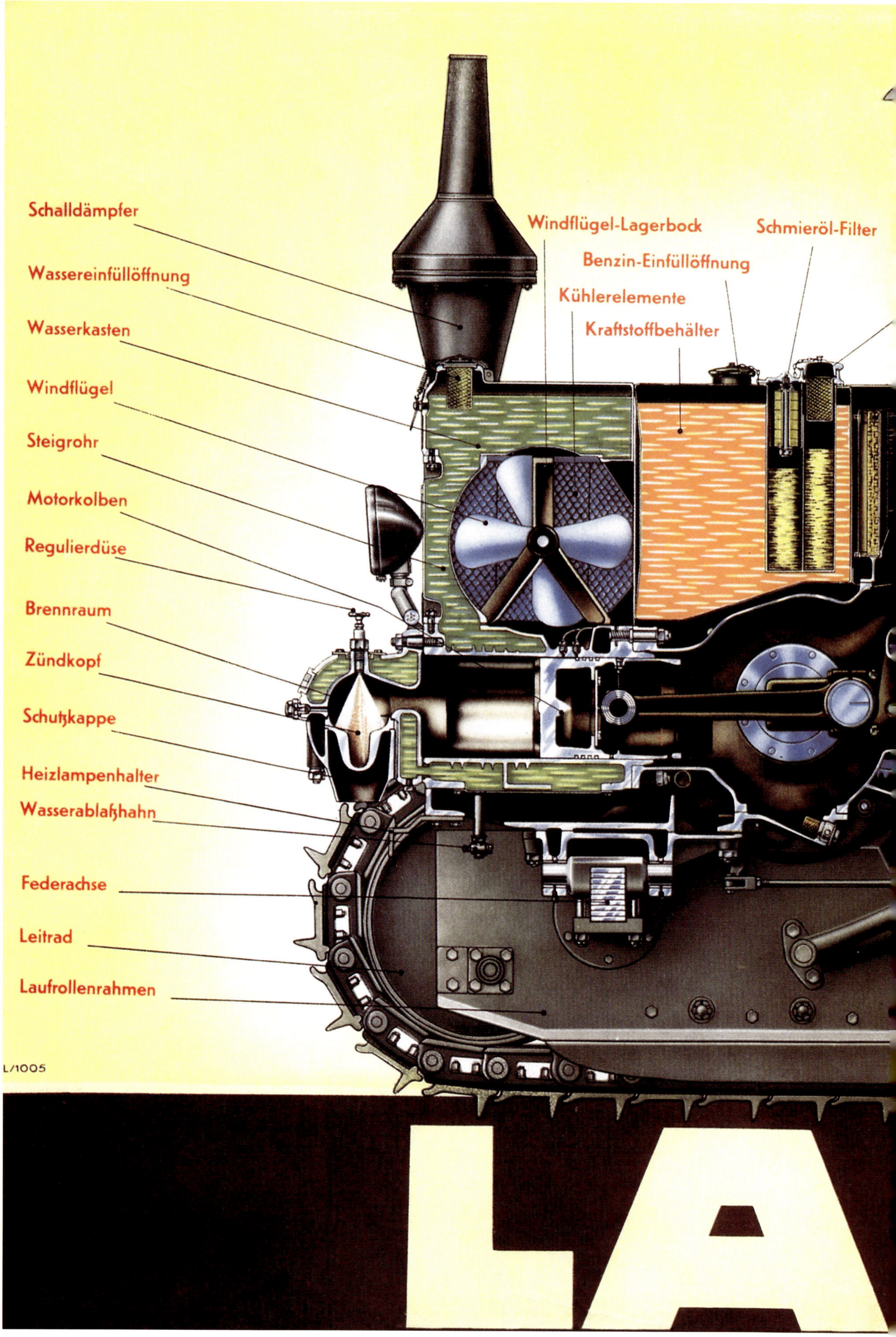

Schalldämpfer
Wassereinfüllöffnung
Wasserkasten
Windflügel
Steigrohr
Motorkolben
Regulierdüse
Brennraum
Zündkopf
Schutzkappe
Heizlampenhalter
Wasserablaßhahn
Federachse
Leitrad
Laufrollenrahmen
Windflügel-Lagerbock
Schmieröl-Filter
Benzin-Einfüllöffnung
Kühlerelemente
Kraftstoffbehälter
L/1005
LA

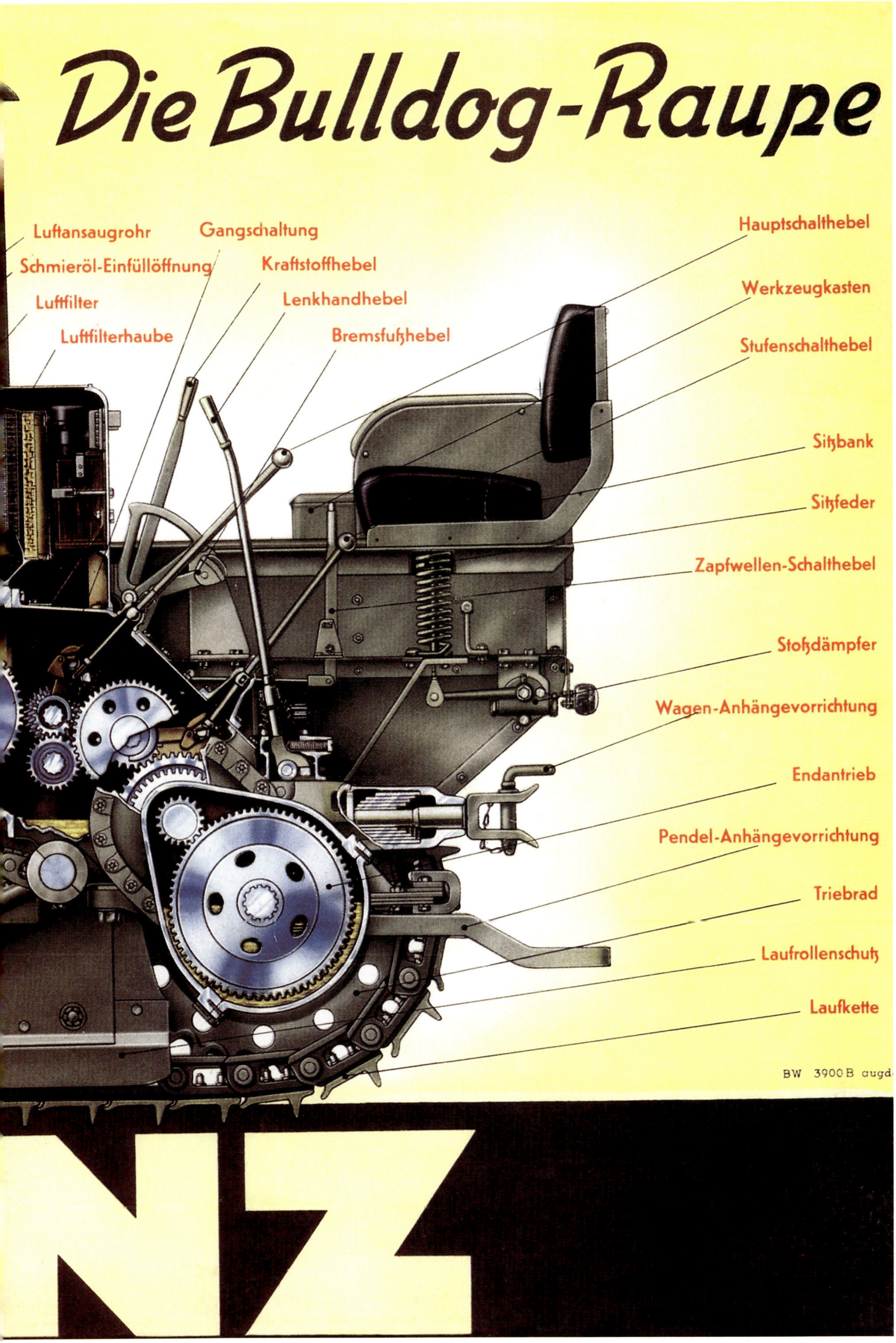
Die Bulldog-Raupe
Luftansaugrohr
Gangschaltung
Schmieröl-Einfüllöffnung
Kraftstoffhebel
Luftfilter
Lenkhandhebel
Luftfilterhaube
Bremsfußhebel
Hauptschalthebel
Werkzeugkasten
Stufenschalthebel
Sitzbank
Sitzfeder
Zapfwellen-Schalthebel
Stoßdämpfer
Wagen-Anhängevorrichtung
Endantrieb
Pendel-Anhängevorrichtung
Triebrad
Laufrollenschutz
Laufkette
BW 3900 B
NZ

LHW-RAUPENSCHLEPPER
WIRTSCHAFTLICH
ZUVERLÄSSIG
BILLIG
BAUART STUMPF.
LHW
TRAUTVETTER
Linke-Hofmann-Werke
AKTIENGESELLSCHAFT/WERK BRESLAU

LINKE-HOFMANN-WERKE AKTIENGESELLSCHAFT
BRESLAU

LHW-Raupenschlepper

Bauart Stumpf

Beschreibung:

Motor: Kämper-Motor, Leistung etwa 50 PS. Vierzylinder, Betrieb mit Monopolin-Extra oder Benzol. Brennstoffverbrauch bei normaler Saatfurche etwa 3 bis 4 kg pro Morgen. Schmierölverbrauch am Tage ungefähr 2 Liter und weniger. Besonders große Sorgfalt ist auf das Fernhalten von Staub vom Motoreninneren gelegt. Hier sind allein 3 Luftfilter vorhanden.

Kupplung: Die Lederkonuskupplung ist stark überbemessen, dadurch ist die Betriebssicherheit sehr groß.

Getriebe: Alle Zahnräder (Chromnickelstahl, gehärtet) laufen in einem öldichten Gehäuse auf Kugellagern. Das Getriebe-Gehäuse bildet zusammen mit dem Motorgehäuse den eigentlichen Rahmen des Raupenschleppers, dadurch: große Einfachheit, billige Herstellung, geringes Gewicht. Der Antrieb der Kettenräder ist als Kardanantrieb gebaut, d. h., alle Zahnräder laufen im öldichten Gehäuse, so daß keinerlei Abnutzung entsteht.

Geschwindigkeiten: 4,3 km/Std., 5,8 km/Std., 14 km/Std. vorwärts, 3 km/Std. rückwärts.

Zwei Anhängevorrichtungen:*) für Ackergeräte und Lastentransport.

Raupenketten und Laufrollen: Die bei den bisher bekannten Bauarten gefürchtete große Abnutzung an dem Raupenlaufwerk ist beim LHW-Schlepper ganz wesentlich verringert. Die 8 auf den Raupenketten laufenden Rollen drehen sich auf Rollenlagern. Die Laufrollenbolzen selbst sind gegen Eindringen von Staub, flüssigem Schmutz usw. geschützt; sie sind gehärtet und geschliffen.

Schmierung: Die Schmierung der Laufrollenbolzen erfolgt durch Staufferfett an jedem Bolzen von innen nach außen. Dadurch werden noch evtl. eingetretene Staubteilchen herausgespült. Das herausquellende Fett bildet somit einen wirksamen Staubschutz.

Hauptabmessungen: Länge 2,8 m, Breite 1,5 m, Höhe 1,6 m.

Gewicht: 2800 kg.

Leistungen: Bei mittelschwerem Boden (unverbindlich):
Schälen (2 Schälpflüge): 4 bis 6 Morgen in der Stunde.
Saatfurche (vierscharig): 1,8 bis 2,5 Morgen in der Stunde.
Tieffurche (dreischarig): 1,3 bis 1,8 Morgen in der Stunde.
Grubbern: Bis 8 Morgen in der Stunde.
Bedienung des Pfluges durch den Führer des Schleppers.
Rübenheber können gezogen werden.
Für Moor, Wiese, Teiche und Heide Sonderpflüge ohne Änderung des Schleppers zu verwenden.

Forstwirtschaft: Seilwinde in kürzester Zeit — auch im Walde — leicht anzubauen.

Riemenscheibe zum Dreschen, Schroten, Sägen usw. kann angebracht werden.

Lastentransport ohne Änderung möglich.

---

*) Beim Pflügen, Walzen, Eggen oder anderen Ackerarbeiten wird zur Anhängung der Geräte die untere Zugschiene benutzt. Zwischen dem Ackergerät und dem Raupenschlepper muß aber stets der Auslösehaken (automatisch auslösender Stoßfänger Zugfeder mit Auslösevorrichtung) — der dem Ackergerät beigegeben ist — eingekuppelt werden.
Wird der obere Anhängepunkt — z B beim Lastwagenziehen — benutzt, so ist das Zwischenschalten des Auslösehakens nicht erforderlich, da der obere Anhängepunkt abgefedert ist.

LINKE-HOFMANN-WERKE AKTIENGESELLSCHAFT
BRESLAU

Der

LHW-Raupenschlepper

Bauart Stumpf

ist die

wirtschaftlichste und **billigste** deutsche

50 PS-Universalmaschine

für

Land-, Forstwirtschaft und Industrie.

Unentbehrlich bei allen Meliorations-,
Moor- und Teichkulturen!

Der **Landwirt** verwendet den LHW-Raupenschlepper (Bauart Stumpf)

1. beim Tief-, Saat- und Schälpflügen, Eggen, Grubbern, Walzen; ferner
2. beim Ziehen von Drillmaschinen, Mähmaschinen, Maulwurfs-Drainagen und der übrigen landwirtschaftlichen Geräte,
3. zum Einfahren von Kartoffeln, Rüben und sonstiger Feldprodukte, Heu- und Kornernten usw.,
4. als Antriebsmaschine für Dresch- und Häckselmaschinen, Schrotmühlen, Pumpen, Kreissägen usw.

Der **Forstwirt** benutzt ihn zum Pflügen von Kahlflächen, für Wiesen-, Oedland- und Moorkulturen, auch zum Transportieren von Langholz und zum Roden von Stubben.

In der **Industrie** dient er vermöge seiner hohen Zugkraft, außerordentlich großen Beweglichkeit und Lenkbarkeit als **Vorspann für Lasten jeder Art.**

Vorzüge gegenüber anderen 50 PS-Schleppern:

1. **Weit geringerer Preis.**
2. **Bedeutend geringeres Eigengewicht** (nur 2800 kg) und folglich auch **geringerer spezifischer Bodendruck** (ca. 0,3 kg pro cm^2), daher
3. **größere Flächenleistung** und demgemäß
4. **geringerer** Brennstoffverbrauch.

In Anbetracht des **großen Anwendungsgebietes**, des **niedrigen Gewichtes**, des **geringen Brennstoffverbrauches**, sowie der infolge gut **durchdachter Konstruktion** und Verwendung nur **besten Materials** zu erwartenden **niedrigen Kosten** für Ersatzteile und Reparaturen, ergibt sich **ein sehr hoher Grad der Wirtschaftlichkeit**, der von **keinem** inländischen oder ausländischen Schlepper übertroffen wird.

Urteil der Landwirtschaftskammer Schlesien gelegentlich eines großen **Probepflügens:** „. . . Hinsichtlich der Flächenleistung erwies sich der LHW-Raupenschlepper (Bauart Stumpf) den verschiedenen Konkurrenten zum mindesten als ebenbürtig, **im sparsamen Verbrauch von Monopolin war er aber allen übrigen Maschinen weit überlegen.** . . .“

LINKE-HOFMANN-WERKE AKTIENGESELLSCHAFT
BRESLAU

50 PS LHW-Raupenschlepper (Bauart Stumpf) mit 2 Fünfscharpflügen beim Schälen. (Arbeitsbreite 2,60 m.)

LHW-Raupenschlepper (Bauart Stumpf) beim Tiefpflügen. (Arbeitsbreite 1,30 m.)

RÜBEZAHL
LHB
F. HEGENBART, MÜNCHEN
50 PS
LHB
DER
GROSSKRAFTSCHLEPPER
LINKE-HOFMANN-BUSCH-WERKE A.G. BRESLAU

Seitenansicht

Vorderansicht
(Schwenkbare Laufwerke !)

Rückansicht
(Hohe Bodenfreiheit !)

Der **50** PS
LHB-Großkraftschlepper
»RÜBEZAHL«
(BAUART STUMPF)
mit Benzin- oder Petroleummotor

LINKE-HOFMANN-BUSCH-WERKE AG.

TRANSPORTE

LHB-Raupe zieht Lokomobile und Dreschkasten auf schlechtem Feldweg.

LHB-Raupe zieht 8 Mistwagen hintereinander.

LINKE-HOFMANN-BUSCH-WERKE AG.

BEI MOOR-, WIESEN- UND TEICHBODEN-KULTIVIERUNG

Durch das flotte Tempo wird die Grasnarbe um 180^0 gedreht;

darauf kommt es an!

Eine ausgezeichnete Pflugarbeit der LHB-Raupe im Moor.

LINKE-HOFMANN-BUSCH-WERKE AG.

TELLERN AUF GEPFLÜGTEM MOOR

Mit Moorverbreiterung beim Pflügen abgelassener Fischteiche.

LINKE-HOFMANN-BUSCH-WERKE AG.

WALDBODEN-KULTIVIERUNG

Pflügen von Waldboden, der von armdicken Wurzeln durchsetzt ist, im schwierigsten Gelände.

Mit schwerem Waldigel wird der Boden durchwühlt.

LINKE-HOFMANN-BUSCH-WERKE AG.

DRAINAGE

LHB-Raupe zieht Maulwurfs- Drainagepflug im direkten Zug **ohne** Seilwinde.

RIGOLEN IM WEINBAUGEBIET

Am Rhein 60—70 cm tief

LINKE-HOFMANN-BUSCH-WERKE AG.

ALS STATIONÄRE ANTRIEBSKRAFT

Drusch auf dem Felde

Riemenantrieb

Zum Antrieb von Dreschmaschinen, Pumpen für Regenanlagen, Dynamomaschinen usw. Kraftabnahme direkt vom Motor, daher 45 PS an der Scheibe! Riemen läuft in Längsrichtung der Raupe, daher auch bei beschränkten Platzverhältnissen leichte Aufstellung möglich.

DIE ENTSTEHUNG DES
»RÜBEZAHL«
EIN ZIEL LANGJÄHRIGER ARBEIT!

TYPE A **Gut**

TYPE F **Besser**

Obwohl wir mit unserer Type A bereits einen guten, mit Type F einen durchschlagenden Erfolg erzielten, haben wir nicht aufgehört, Erfahrungen im In- und Ausland zu sammeln und unsere Maschine weiter zu vervollkommnen.

Unser Leitgedanke war,

die Bauart wesentlich zu vereinfachen und eine Maschine zu schaffen,

die ein Minimum an Reparaturen erfordert,

bei größter Leistung höchste Betriebssicherheit besitzt und

deren Bedienung spielend leicht ist.

Dieses Ziel haben wir nun erreicht!

Die neue Maschine stellt alles in den Schatten, was im Bau von Traktoren bisher geleistet worden ist.

»RÜBEZAHL«
ist auf dem Weltmarkt konkurrenzlos.

Die nachfolgende eingehende Beschreibung möge Ihnen hierfür den Beweis erbringen.
Jedes Teil ist mit größter Sorgfalt und unter Auswertung aller Erfahrungen konstruiert und bearbeitet.
Nur das hochwertigste Material gelangt zur Verwendung.
Nehmen Sie sich freundlichst ein paar Minuten Zeit, unsere Beschreibung durchzulesen.
Sie anerkennen dadurch unsere Arbeit, auf die wir stolz sind, und ***bereiten uns eine große Freude.***

»RÜBEZAHL« der Beste

BESCHREIBUNG DES »RÜBEZAHL«

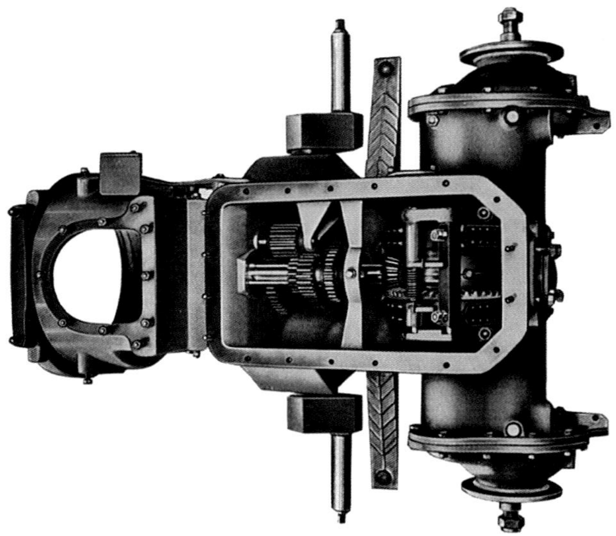

GETRIEBE:

Das Getriebegehäuse ist durch einen Flansch mit dem Motor verbunden. Es bildet zusammen mit dem Motor den Rumpf der Raupe, der starr versteift und gegen Rahmenverziehung geschützt ist. *Kugelschaltung, Wellen und Zahnräder bestehen aus hochwertigem Chromnickelstahl und sind im Einsatz gehärtet und geschliffen. Alle Teile leicht zugänglich,* da Vorder- und Hinterkasten miteinander in Verbindung stehen und einen gemeinsamen leicht abnehmbaren Deckel haben.

SCHWINGENDE LAUFROLLEN-KÄSTEN

Die Laufrollenkästen (s. S. 24) können sich am hinteren Ende um 2 getrennte, im Getriebekasten rechts und links drehbar gelagerte, gekröpfte Schwingachsen unabhängig voneinander auf- und abwärts bewegen. Dadurch passen sie sich den Bodenunebenheiten besser an, die Ketten liegen stets mit voller Fläche auf. Das bedeutet: Beste Adhäsion, die jemals ein Schlepper erreicht hat. Steigerung der Leistung!

LINKE-HOFMANN-BUSCH-WERKE AG.

ABFEDERUNG

Vorn Die beiden Kästen sind vorn durch eine Querblattfeder verbunden, auf welcher das Gewicht des Motors ruht. Diese Blattfeder schwingt ebenfalls um einen Querbolzen am Motor.

Hinten Besonders interessant ist es aber, daß es durch eine einfache patentierte Konstruktion gelungen ist, das Gewicht der Raupe gegenüber den Laufrollenkästen *auch hinten an der Schwingachse abzufedern.*

Die Abstützung übernimmt eine Querblattfeder, die mit Kugelpfannen rechts und links auf die Laufrollenkästen das in der Mitte der Blattfeder befestigte Gewicht des Getriebekastens mit Sitz und dem angeflanschten Motor überträgt.

Erst dadurch ist es möglich, mit der Raupe *größere Geschwindigkeiten* zu fahren, *ohne daß die Stöße auf unebenem Weg zu stark werden.*

KUPPLUNG UND KUPPLUNGSBREMSE

Einscheiben-Trockenkupplung, ***die fast keine Abnutzung aufweist, weiches Kuppeln auch während der Fahrt gestattet und keine Pflege erfordert.***

Die Kupplung läuft staubdicht im Getriebegehäuse.

KUPPLUNGSBREMSE

Wird der Fußhebel etwa halb durchgetreten, so kuppelt man aus; wird er ganz durchgetreten, so bremst man.

Die Kupplungsbremse ist so groß bemessen, daß sie auch bei höheren Geschwindigkeiten auf der Straße wirksam als Bremse für die Raupe benutzt werden kann.

LINKE-HOFMANN-BUSCH-WERKE AG.

DER MOTOR:

Fabrikat der Firma KÄMPER, die über 30jährige Erfahrungen im Motorenbau verfügt.

Vergaserseite (Fallas-Vergaser)

Ganzseitige Wasserumspülung der Zylinderwände, daher größte Lebensdauer. Neuartige künstliche Kühlung des Schmieröls durch Saugluft des Motors, daher geringe Abnutzung.

Magnetseite

(Abschnapp-Bosch-Magnet) Organisch angebaute Lichtmaschine auf Wunsch

DELBAG-PILZFILTER

mit ölbenetzten Raschig-Ringen. Vollkommene Reinigung.

LINKE-HOFMANN-BUSCH-WERKE AG.

LENK-DOPPEL-DIFFERENTIAL

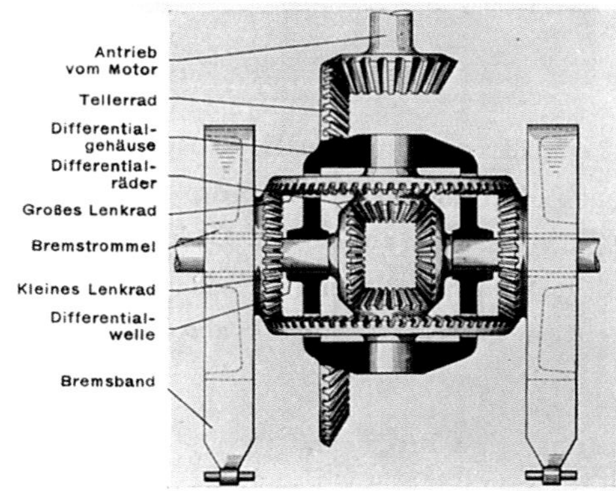

Das Differential besteht aus Kegelrädern. Es sind 2 Differentiale in einem gemeinsamen Stahlkorb angeordnet. Das innere Differential wie üblich.

Das äußere Differential hat 2 Kegelräder, die außerhalb des Korbes angeordnet sind und je 1 Bremsscheibe besitzen.

Die Bremsen sind Bandbremsen mit Ferrodo-Asbestbelag. Sie laufen im Ölbad und haben keine Abnutzung.

Beim Anziehen *einer* Bremse, durch Drehen des Lenkrades, werden die Kegelräder des inneren Differentials derart bewegt, daß die Differentialwellen, welche durch Ritzel die Kettenräder antreiben, *auf einer Seite beschleunigt, auf der anderen Seite verzögert werden.* Das hat zur Folge, *daß ein Raupenband schneller, das andere langsamer läuft.* Dadurch beschreibt die Raupe eine Kurve. *Im Gegensatz zu Raupenschleppern älterer Bauart, die durch Abbremsen einer Kette gelenkt werden,* gestattet diese

Doppel-Differential-Lenkung spielend leichtes Wenden, schließt Zugkraftverluste in Kurven aus und schont das Laufwerk außerordentlich.

Der kleinste äußerste Wenderadius beträgt 3 m.

DIFFERENTIAL-BREMSE

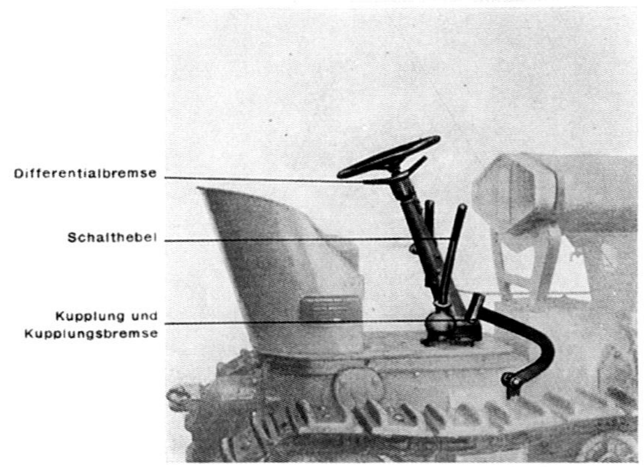

Unterhalb des Lenkrades ist eine von Hand leicht drehbare Gewindemuffe angeordnet. Dreht man diese abwärts, so werden beide Lenkbremsen angezogen. Dadurch kann man in starken Steigungen und beim Arbeiten mit der Spillwinde oder Riemenscheibe die Raupe absolut sicher auf der Stelle festhalten.

Also: **Zwei unabhängige Bremsen,**
eine Kupplungsbremse und eine
Differentialbremse.

KETTENANTRIEB (Bild auf S. 23)

Der Antrieb der Kettenräder erfolgt durch Ritzel und große Zahnräder, die in zwei, am Getriebegehäuse angegossenen Seitenkästen *im Ölbad* auf Schrägrollenlagern laufen. Die Schrägrollenlager nehmen die beim Lenken entstehenden Seitendrücke auf.

LINKE-HOFMANN-BUSCH-WERKE AG.

Doppelte Filzabdichtung,
Antrieb völlig staubfrei eingekapselt.

Der Ritzelantrieb ist durch leicht abnehmbare Seitendeckel bequem zugänglich.

Die hinteren **Kettenantriebsräder** und die vorderen **Kettenspannrollen** sind aus **„Hartguß“** hergestellt. *Die Zähne haben an den der Abnutzung unterliegenden Stellen eine etwa 10 mm tiefe glasharte Schicht.*

Gegenüber den im „Einsatz“ gehärteten Rädern, bei denen die harte Schicht nur etwa 2 mm beträgt, besitzen unsere Räder also längere Lebensdauer. Ferner ist der Ersatz erheblich billiger.

LAUFWERK

Auf jeder Seite der Raupe befindet sich ein aus Stahlblech gepreßter **„Laufrollenkasten“.**

In jedem Kasten befinden sich 5 Laufrollen, auf welchen das Gewicht der Raupe ruht.

Die Laufrollen haben Ränder zur seitlichen Führung auf den Ketten. Sie drehen sich auf Rollenlagern auf gehärteten Bolzen. *Die Bolzen sind fest am Laufrollenkasten angeschraubt und leicht abzunehmen.*

Die Schmierung erfolgt durch den hohlen Bolzen mittels Fettpresse. Das an den Bolzenenden herausquellende Fett übernimmt die Staubabdichtung, die sich in jahrelanger Praxis bestens bewährt hat.

Laufrollen und Bolzen sind an allen der Abnutzung unterliegenden Stellen glashart gehärtet.

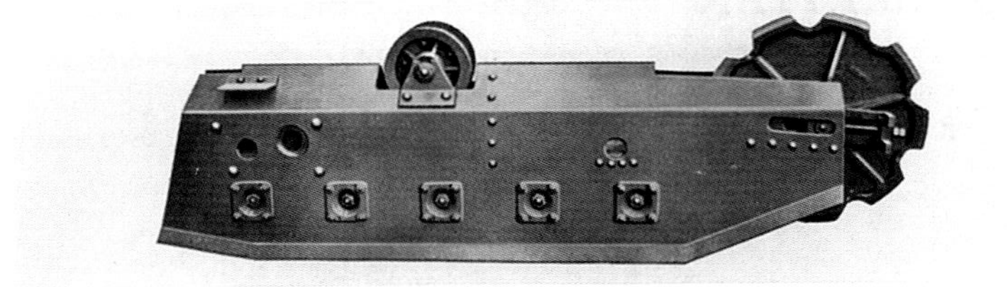

Kettenspannrad am vorderen Ende verschiebbar gelagert. *Automatische Kettenspannung durch zwei lange Spiralfedern. Nachspannung von Hand durch leicht zugängliche Spannschrauben. Sicherung gegen Überbeanspruchung durch „Bruchsicherung“* bestehend aus zwei kleinen 8 mm starken, in wenigen Minuten ersetzbaren Kopfschrauben.

ERHEBLICHE REPARATUR-ERSPARNIS UND VEREINFACHUNG

Früher:

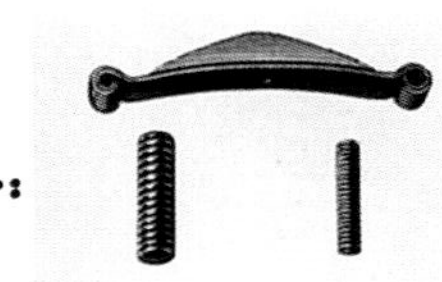

8 Blattfedern
32 große Schraubenfedern
32 kleine Schraubenfedern
72

Heute: 2 große unverwüstliche Querblattfedern.

Die Belastung des Ersatzteilkontos.

Weich,
Elastische Federung,
Angenehmes Fahren.
Größte Schonung der Maschine.

Diese Bauart ist in allen Kulturstaaten patentiert.

LAUFKETTEN

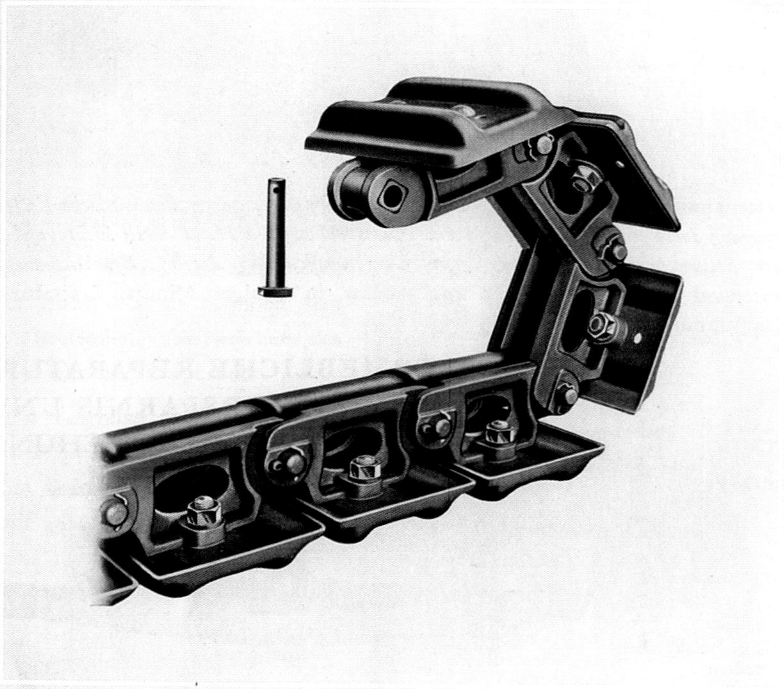

Die Bauart der Laufketten ist auf Grund langjähriger Erfahrungen entstanden, so daß **lange Lebensdauer** gewährleistet ist.

LAUFPLATTEN

aus Stahlblech gepreßt mit zwei starken Schrauben am Glied befestigt. Die Form entspricht den gesetzlichen Vorschriften über Befahren öffentlicher Wege.
Da sich die Laufplatten auf dem Acker nicht abnutzen, stellt sich der *Ersatz der Glieder billiger* als früher, wo Glied und Platte aus einem Stück bestanden.

LINKE-HOFMANN-BUSCH-WERKE AG.

Kettenglied aus Mangan-Silizium-Stahlguß und auf den Laufflächen gehärtet.

Kettenbolzen und Buchsen sind aus einem im Einsatz gehärteten Stahl hergestellt.

Der Ersatz ist *billig* und mit behelfsmäßigen Mitteln *leicht auswechselbar*. Die *Sicherung gegen Drehung im Auge des Kettengliedes ist besonders sorgfältig durchgeführt.*

Die **Kettenbuchse** ist von einem glasharten Kettenröllchen umgeben, um die Kettenradzähne zu schonen.

Für dauernde Straßenfahrt können Gummistollen oder Eisenplatten geliefert werden.

GREIFERARTEN:

Das normale Zubehör besteht aus:

1 Satz = 16 niedrigen (normalen) Greifern

1 Satz = 16 hohen Greifern für sehr weichen Boden.

Auf Wunsch:

Eis- und Gebirgsgreifer, ganz niedrig, Oberkante leicht gewölbt, messerscharf, aus Blattfederstahl gehärtet.

Schneegreifer mit Winkelblechen gegen seitliches Abrutschen.

LINKE-HOFMANN-BUSCH-WERKE AG.

TECHNISCHE EINZELHEITEN

A. MOTOR

HERSTELLER: HEINRICH KÄMPER, BERLIN

	Benzinmotor	Petroleummotor
Leistung	50 PS	50 PS
Umlaufzahl in der Minute	1100	1100
Zylinderzahl	4	4
Zylinderkopf	abnehmbar	abnehmbar
Bohrung	110 mm = $4\frac{5}{16}$ Zoll	120 mm = $4\frac{3}{4}$ Zoll
Hub	160 mm = $6\frac{5}{16}$ Zoll	176 mm = $6\frac{15}{16}$ Zoll
Hubvolumen: Liter	6,1	7,9
„ Kubikzoll	374	483
Kompression	1:5,1	1:4,2
Ventile	hängend im Kopf	
Kolbenmaterial	Alusil	
Schmierung	Zahnrad-Druckpumpe	
Ölfilter	Filzpatrone	
Kühlung des Schmieröls	durch besonderen Ölkühler von der Saugluft des Motors	
Öldruckanzeiger	kleiner Kolben m/Kugel	
Wasserpumpe	Zentrifugalpumpe	
Regler	Zentrifugalregler	
Zündung	Bosch-Abschnapp-Magnet	
Lichtanlage } nur auf Wunsch	Dynamo (Antr. d. Zahnräder), 3 Scheinwerfer, 1 kl. Lampe	
Anlasser } nur auf Wunsch	Zahnrad am Schwungrad	
Vergaser	Pallas	Sum-Schweröl mit Verdampfer
Luftfilter	Delbag-Pilzfilter mit Raschig-Ringen (ölbenetzt) Reinigungsgrad 98 %	
Kühler	Röhrenkühler	
Ventilator	Auf Kugellagern mit Gummiriemen leicht nachstellbar	
Wärmeregler	Thermostat und Jalousie am Kühler, vom Führersitz zu bedienen	
Brennstoff	Benzin, Benzol und Gemische davon, Monopolin Extra	Petroleum, Shell-, Kraft- und Treibstoffe
Brennstofftank	etwa 100 Liter	etwa 100 Liter und 10 Liter für Benzin
Schmieröle	nur gute Automarkenöle, fast immer Sommeröl, Winteröl nur bei Frost	
Brennstoffverbrauch pro PS/Std.	0,260 kg	0,315 kg
In der Praxis:		
a) beim Ackern	8—10 kg pro Stunde	10—12 kg pro Stunde
b) beim Lastentransport	10—12 kg pro Stunde	12—14 kg pro Stunde
Schmierölverbrauch pro Tag	2—3 kg	4—5 kg

LINKE-HOFMANN-BUSCH-WERKE AG.

TECHNISCHE EINZELHEITEN

B. RAUPE

Gewicht	3200 kg	= 7000 lbs
Hauptmaße (normal):		
Länge über alles	3,2 m	= $10\frac{1}{2}$ Fuß
Höhe über alles	1,7 m	= $5\frac{1}{2}$ „
Breite über alles	1,6 m	= $5\frac{1}{4}$ „
Spurweite:		
Von Mitte bis Mitte Ketten normal	1245 mm	= 49 Zoll
(zum Rübenheben) mittel	1350 mm	= $53\frac{1}{8}$ „
(zum Rübenheben und für Moor) groß	1450 mm	= $57\frac{1}{8}$ „
Extra schmal	930 mm	= $36\frac{5}{8}$ „
Breite der Laufplatten:		
Normal	300 mm	= $11\frac{13}{16}$ Zoll
Für Moor	600 mm	= $23\frac{5}{8}$ „
Extra schmal	250 mm	= $9\frac{7}{8}$ „
Gliederlänge der Ketten (normal)	200 mm	= $7\frac{7}{8}$ „
Gliederanzahl einer Kette (normal)	28	
Gliederlänge der Ketten (Transportraupe)	120 mm	= $4\frac{3}{4}$ „
Gliederanzahl einer Kette (Transportraupe)	47	
Bodendruck:		
In weichem Boden	0,36 kg/qcm	= 5,1 lb/Zoll²
Auf harter Straße	3,2 kg/qcm	= 45 „
Bodenfreiheit	330 mm	= 13 Zoll
Höhe der Anhängevorrichtung über Erde:		
Obere	740 mm	= $29\frac{1}{8}$ Zoll
Untere	400 mm	= $15\frac{3}{4}$ „
Abfederung:		
Vorn	1 Querblattfeder	
Hinten	1 „	
Anzahl der Laufrollen	auf jeder Seite 5	
Kleinster Wendekreis	6 m Durchmesser	= 20 Fuß

Für Benzin- und Petroleumraupe gleich:

	Vorwärts	Auf Wunsch	Rückwärts
Geschwindigkeiten km/Std.	4,3—5,8—8,0	15,0	5,0
miles/h.	2,7—3,6—5,0	9,3	3,1
Zugkraft am Haken kg	2500—1800—1200	600	—
lbs	5500—4000—2600	1300	—
Zughakenleistung	36—40 PS		
Riemenscheibenleistung	45 PS		

TECHNISCHE EINZELHEITEN

B. RAUPE

Fortsetzung

Riemenscheibendurchmesser	400 mm = $15^3/_4$ Zoll
Riemenscheibenbreite	230 mm = $9^1/_{16}$ Zoll
Umdrehungen	600 in der Minute
Zapfwelle: Umdrehungen .	Nach Wunsch: 540 oder 600 in der Minute bleibt bei allen Fahrgeschwindigkeiten konstant.
Spillwinde	An Stelle der oberen Zugvorrichtung mit 50 m Seil (164 Fuß) 10 mm $^3/_8$ Zoll stark. Seil wird auf einer besonderen Wickeltrommel mitgeführt. Direkte Zugkraft 3 Tonnen durch mitgelieferte lose Rollen zu steigern auf 5 Tonnen bzw. 7—8 Tonnen.

DIE LEISTUNGEN DES „RÜBEZAHL“

in mittelschwerem Boden (etwa 40 kg/qdm Bodenwiderstand)

Arbeit:	Gerät:	Arbeitsbreite:	Stundenleistung:
Tieffurche 10—12″	4 schariger Pflug	1,12 m	**2 Morgen**
Tieffurche 12—14″	3 schariger Pflug m.U.	0,90 m	**1,5 Morgen**
Saatfurche 6—7″	mit 10—13 Scharen	2,40—3 m	**5—6 Morgen**
8—10″	5 schariger Pflug	1,40 m	**2,7 Morgen**
Schälen 2—3″	mit 10 Scharen	2,40 m	**5—6 Morgen**
2—3″	mit 16 Scharen	3,80 m	**7 Morgen**
Grubbern	1 Grubber 25 Zk., kombiniert mit anderen Geräten	4,25 m	**7,5 Morgen**
Tellern	2 Doppelscheiben-eggen	5 m	**9 Morgen**
Eggen		10 m	**20 Morgen**
Drillen	mit 3 Traktordrills	12 m	**22 Morgen**
Mähen	mit 3 Bindern 8′	7,50 m	**10,5 Morgen**
Rübenheben	mit 5 reihigem Heber		**3 Morgen**
	mit 7 reihigem Heber		**4 Morgen**
Lastenziehen	je nach Gelände- und Bodenart		**20—30 Tonnen**

1 Morgen = 0,25 ha = 0,625 acres
1 m (Meter) = 3,19′ (Fuß)
1 ″ (Zoll) = 2,6 cm

DAS ARBEITSTEMPO DES „RÜBEZAHL“

Für schwere Arbeiten:	**I. Gang = 4,3 km/Stunde = 2,7 engl. Meilen**
Für normale Arbeiten:	**II. Gang = 5,8 km/Stunde = 3,7 engl. Meilen**
Für leichte Arbeiten:	**III. Gang = 8 km/Stunde = 5,0 engl. Meilen**

WERKSBILDER

Unser Werk aus der Vogelschau

Versandhalle

Überseeverpackung

Führer - Ausbildungskurse in unserem Werk

TECHNISCHE DATEN

Bauart:
Stahlrohrrahmen
Spur 1250 mm – Normalraupe
„ 850 mm – Weinbergraupe

Motor:
MODAG-Viertakt 2 Zylinder-Diesel
Type R 2 V 212
Leistung bei 1800 U/min 25 PS
Drehmoment 10,2 mkg
mittl. Kraftstoffverbrauch 200 g/PS/h
Kraftstoffzuführ. d. Brennstoffpumpe

Kühlung:
Wasserkühlung mit Fernthermometer

Schmierung:
Druckumlauf-Schmierung m. Schmieröl
Reinigung durch Schmierölfilter

Triebwerk:
Blockgetriebe mit Frontantrieb, Fernschaltung und Doppellenkdifferential eigener Konstruktion mit 5 Vorwärtsgängen und 1 Rückwärtsgang

Kraftstoffbehälter:
Fassungsvermögen 40 l

Geschwindigkeiten:

1. Gang	2,43 km/h	0,675 m/sec
2. Gang	4,13 „	1,14 „
3. Gang	6,9 „	1,88 „
4. Gang	10,9 „	3,02 „
5. Gang	16,4 „	4,55 „

Rückwärtsgang 3,95 km/h

Elektr. Ausrüstung:
Anlasser u. Lichtmaschine Fabrik. Bosch
2 Scheinwerfer mit Vollabblendung und Standlicht, Signalhorn, 2 Schlußlampen und Stopplicht.

Abmessungen:
Höhe von Unterkante Kette bis Oberkante Steuerrad . . 1670 mm
Breite über alles bei
1250 mm Spur 1435 „
850 „ „ 1035 „
Länge über alles . . . 2900 „
Bodenfreiheit . . . . 320 „
Kettenbreite a. Gummipolster 160 „
Kettenauflage auf d. Straße 820 „
Kettenauflage auf d. Acker 1200 „

Gewicht:
Betriebsfertig ohne Schutzdach und Fahrer . . . . . . 1750 kg

Zapfwelle vorn und hinten:
Drehzahl . . . . . 540 U/min
Die hintere Zapfwelle ist unabhängig von der Kupplung und wird zusätzlich gegen Mehrpreis geliefert.

Motor und Getriebeblock sind zusammen mit Kühler, Lenkung und Armaturenbrett als Einheit auf den Stahlrohrrahmen montiert.

Sonderausrüstung:
Riemenscheibe:
Drehzahl . . . . . 1680 U/min
Durchmesser . . . . 220 mm
Breite . . . . . . 130 mm
Fahrer-Schutzdach mit Windschutzscheibe
Seilwinde
hintere Zapfwelle
Ölhydraulischer Kraftheber
Anbaugeräte

LINKE-HOFMANN-BUSCH
WAGGON-FAHRZEUG-MASCHINEN GMBH
SALZGITTER-WATENSTEDT

Die Vollmotorisierung

aller Feld-, Forst- und Plantagenarbeiten — unter völliger Ausschaltung des Gespanneinsatzes —

ist durch die Leichtraupe „*Robot*" erreicht.

Nach jahrelangen betriebswirtschaftlichen und arbeitswissenschaftlichen Erprobungen

hat die Fa. Linke-Hofmann-Busch

die Großserienfertigung dieser im In- und Ausland mit größtem Interesse erwarteten Leichtraupe aufgenommen.

Die Leichtraupe „*Robot*" löst das Problem des 100% Schleppereinsatzes

für die Land- und Forstwirtschaft
für die Weinberg- u. Plantagenbearbeitung
und für Moorkulturen

mit durchschlagendem Erfolg.

Bodentechnische Eigenschaften

1. **Geringer spezifischer Bodendruck**
   durch niedriges Gesamtgewicht in Verbindung mit entsprechend bemessenen Gummipolstern
2. **Nicht zusammenhängende Druckspuren**
   durch entsprechende Anordnung der Gummipolster auf der Raupenkette
3. **Sichere Übertragung der Zugkräfte auf allen Bodenarten ohne nennenswerten Schlupf**
   durch die große Stützlänge
4. **Gleichmäßige Druckverteilung auch bei großen Zugkräften**
   durch sinnvolle Anordnung der torsionsgefederten Laufrollen.

Fahrtechnische Eigenschaften

1. **Geringer Rollenwiderstand der Raupenlaufwerke**
   durch kugelgelagerte Laufräder und geschmierte Lager in den Raupengliedern
2. **Höchstgeschwindigkeit ca. 17 km/h**
   dabei bessere Straßenhaftung als ein gummibereifter Radschlepper
3. **Leichte und verkehrssichere Lenkung**
   durch Verwendung eines Lenkdifferentials in Verbindung mit reichlich bemessenen Lenkbremsen
4. **Kleinster Wenderadius**
   durch Lenkbremse auf der Stelle wendbar
5. **Geringes Fahrgeräusch des Laufwerkes**
   durch Verwendung von Gummipolstern auf den Raupengliedern
6. **Angenehmes und nicht ermüdendes Fahren**
   durch weiche Einzelfederung der Laufräder
7. **Beste Fahrersicht**
   durch eine sich nach vorn verjüngende und stark abfallende Motorhaube.

Betriebswirtschaftliche Eigenschaften

Die Unterhaltungskosten sind nicht höher als beim Radschlepper durch

a) hohe Verschleißfestigkeit des Laufwerkes einschließlich aller Antriebsorgane
b) geringen Verschleiß in der Raupenverzahnung
c) neuartige Reibdichtung aller Lager gegen Staub, Schmutz und Wasser
d) geringe Relativgeschwindigkeit zwischen den Führungsflächen der großen Laufräder
e) lange Lebensdauer u. Auswechselbarkeit der Gummipolster
f) Torsions-Einzelfederung der Laufräder
g) geringste Stoßbeanspruchung aller nicht abgefederten Konstruktionsteile.

Die Leichtraupe „*Robot*" ist somit:

in der Verwendung vielseitig und unerreicht • im Betrieb äußerst wirtschaftlich • in der Anschaffung besonders preisgünstig

DIE LANDWIRTSCHAFTLICHE ZUGMASCHINE
FÜR DIE SCHWIERIGSTEN VERHÄLTNISSE
PODEUS "RAUPENSCHLEPPER" GES. GESCH.
BEHRMANN
PODEUS
Podeus
PAUL HEINRICH PODEUS, WISMAR i/M.
DER PODEUS RAUPENSCHLEPPER
IST DER VOLLKOMMENSTE PFERDEERSATZ
UND DIE IDEALMASCHINE DER ZUKUNFT

Pöhl-
Kleinkraftschlepper 22 PS
Die schmale deutsche Kleinzugmaschine
PÖHL-WERKE
GÖSSNITZ
KREIS ALTENBURG

Der Pöhl-Kleinkraftschlepper

ist eine neue Zugmaschine, die in Verbindung mit dem ATF (Ausschuß für Technik in der Forstwirtschaft) entwickelt und erprobt wurde. Sie befindet sich bereits bei verschiedenen Forstverwaltungen Deutschlands zur besten Zufriedenheit im Gebrauch.
Geliefert wird dieselbe als

Raupen-, Rad- und Straßenschlepper

Raupenschlepper bei Feldarbeit

Raupenschlepper

Die besonders hervorzuhebenden Eigenschaften dieses Kraftschleppers sind folgende: Die Maschine kann mit einer äußerst geringen Breite von nur 100 cm, von Außenkante zu Außenkante gemessen, geliefert werden. Sie eignet sich infolgedessen besonders gut für Wald- und Plantagenarbeiten. Zu diesem Zwecke ist sie auch niedrig, kurz und wendig und hat trotzdem eine große Bodenfreiheit, um über Stubben hinwegfahren zu können.

Mit Zerstäuber zur Bekämpfung von Forstschädlingen

Der Schlepper ist kleiner als die sonst bekannten Maschinen. Das geringe Gewicht, die einfache Handhabung machen ihn brauchbar für nahezu alle Arbeiten, zu denen man bisher Zugtiere benutzte. Er hat auch eine Zapfwelle zum Antreiben von Bindern, Frässchwänzen, Winden, Kreiselpumpen, Zerstäuber und dergleichen.

Weiter dient derselbe zum Antreiben stationärer Maschinen. Dieser Pöhl-Kleinkraftschlepper ist die noch fehlende Nebenmaschine im Großbetrieb und für den mittleren Betrieb ist er im wahrsten Sinne des Wortes ein

Mädchen für alles.

Im schwierigen Waldgelände

Beschreibung des Pöhl-Kleinkraftschleppers

Allgemeines: Auf Grund der langjährigen Erfahrungen des Motorpflugkonstrukteurs Gustav Pöhl wurde dieser Schlepper entwickelt. Er ist keine Rahmenmaschine und andererseits ist der Körper nicht in der jetzt üblich gewordenen Blockform ausgebildet; Motor und Getriebe sind leicht lösbar miteinander verbunden. Da besonderer Wert auf eine schmale Maschine gelegt wurde, ist eine gesetzlich geschützte Hinterachs-Konstruktion gewählt. Raupenantriebs- oder Radtriebräder sind auf der Hinterachse leicht lösbar festgeklemmt. Die für den Raupenschlepper erforderlichen Kettenlaufeinrichtungen sind mit je 3 Druckrollen auf Nadellager versehen und vorn an der Maschine federnd aufgehängt, aber auch gegen Seitendruck abgestützt.

Greiferrad für Ackerschlepper

Die Lenkung der Raupe geschieht durch 2 beiderseits außerhalb am Getriebe befindliche Lenkkupplungen, die innerhalb Trockenplatten haben und am äußeren Umfang nachstellbare Bremsbänder besitzen. Durch Drehen des Steuerrades erfolgt wahlweise ein Lösen und Abbremsen der Kupplungen, wodurch die Raupe sich je nach Wunsch im Radius bis zum Drehen auf der Stelle lenken läßt, ohne daß eine erhöhte Beanspruchung des Motors erfolgt. Bei nur Radmaschinen gibt es keine seitlichen Lenkkupplungen, sondern ein Differential im Getriebe, außerdem auf dieser Welle eine Differentialsperre. Die Lenkung findet sonst keine Veränderung. Zu erwähnen sei, daß die Vorderachsen stets mit einer querliegenden Blattfeder versehen sind.

Bremsen: Am Getriebe befindet sich außerhalb eine Getriebebremse, die zugleich auf die Motorkupplung wirkt. Als Fahrzeugbremse dient bei der Raupe die Bremse einer Lenk-

Lastenschlepper mit Elastikreifen

trommel und bei der Radmaschine eine an deren Stelle sitzende besondere Bremsscheibe. Die Bedienung der Bremsen ist in allen Fällen die gleiche und erfolgt durch Fuß- und Handhebel.

Der Zughaken: In beiden Fällen ist der Zughaken gefedert, oder mit Gummipuffern versehen. Beim Straßenschlepper ist ein in besonderer Höhe angebrachtes Zughakenmaul vorhanden.

Die Laufketten können in besonderen Fällen mit Verbreiterungsplatten sowie Greifern versehen werden.
Die Ackerräder haben aufschraubbare Greifer, oder werden als Greiferräder geliefert. Die Straßenräder besitzen Elastikbereifung oder Riesenluftbereifung.

Die Ausführung: Für die Herstellung des Pöhl-Kleinkraftschleppers wird in allen Teilen stets bestes Material verwandt. Motor und Getriebe sind in größter Präzision gearbeitet. Das Material der Zahnräder und Wellen ist durchweg hochwertiger Chromnickelstahl. Die Lager sind Kugel-, Nadel- oder Rollenlager. Auf die Zugänglichkeit ist größter Wert gelegt.

Ueber die bisherigen Erfolge der Pöhl-Maschinen

sei kurz gesagt, daß sich große Mengen Maschinen bereits in Betrieb befinden, mit denen ihre Besitzer außerordentlich zufrieden sind. Die Maschinen bearbeiten das schwierigste Gelände. Insbesondere ist es der äußerst geringe Brennstoffverbrauch, der die Pöhl-Maschinen in kurzer Zeit so beliebt und wertvoll gemacht hat.

Teilansicht
einer Montagehalle
für die Pöhl-Maschinen

Verlangen Sie unsere fachmännische Beratung.

Angebot und Ingenieur-Besuch kostenlos.

Vorführungen auf Wunsch.

Pöhl-Werke Gößnitz Kr. Altenburg

Zweigniederlaſſung der Maſchinen- und Kranbau Aktiengeſellſchaft zu Düſſeldorf

Fernſprecher: Gößnitz Nr. 23 Telegramm-Adreſſe: Pöhlwerke Gößnitz Kreis Altenburg

RATHGEBER-FAMO
FAMO
Boxer
FAMO
VERTRIEBSGESELLSCHAFT MBH.
München 13, Heßstraße 104 a

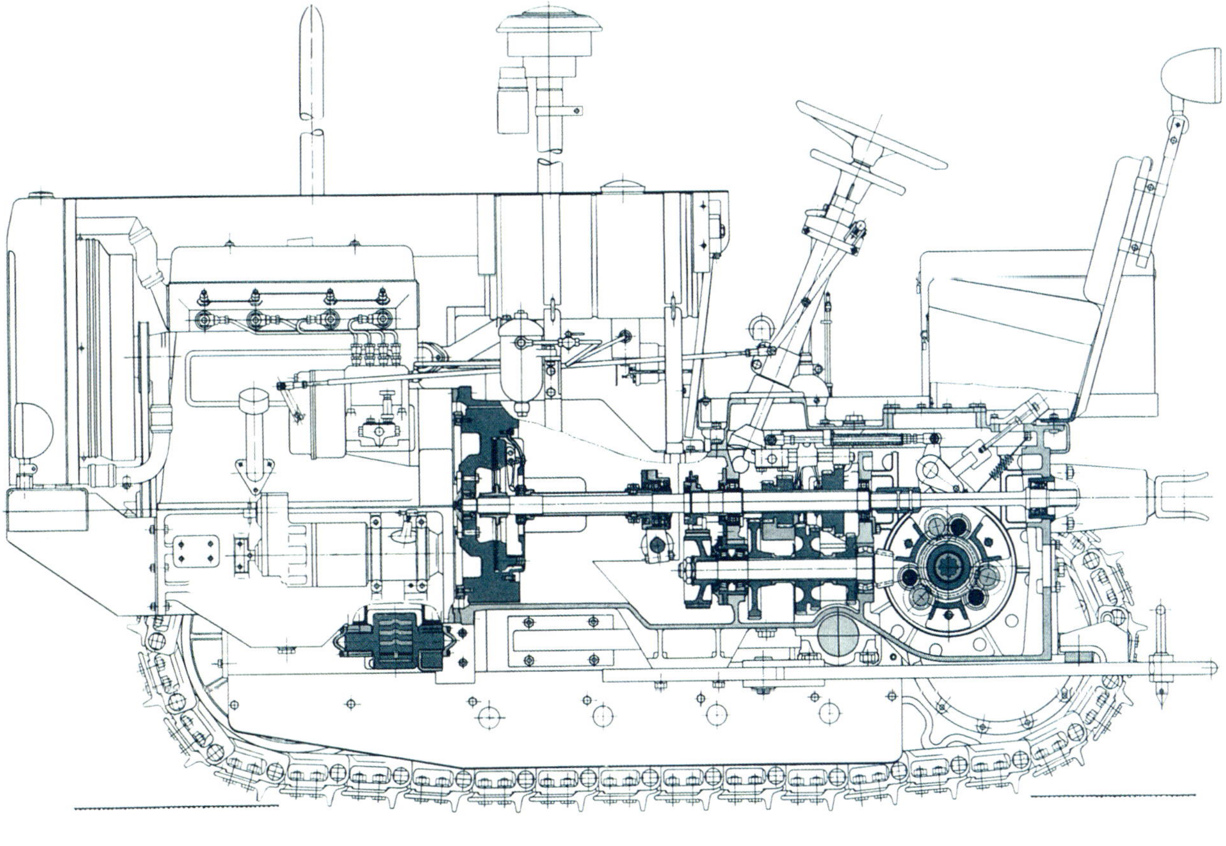

Technische Angaben

I. Abmessungen des Schleppers

Größte Länge ohne Andrehkurbel	2 900 mm
Größte Höhe	1 850 mm
Größte Breite	
bei Schmalspur mit 250 mm breit. Ketten	1 210 mm
bei Normalspur mit 320 mm breit. Ketten	1 565 mm
bei Normalspur mit 420 mm breit. Ketten	1 665 mm
bei Weitspur mit 600 mm breit. Ketten	2 100 mm
Schmalspurweite	960 mm
Normalspurweite	1 245 mm
Weitspurweite	1 500 mm
Anzahl der Kettenglieder für jede Seite	35 Stück
Bodenfreiheit	300 mm
Bodendruck in weichem Acker	0,35 kg/cm²
Gewicht der Maschine in Normalspurausführung	4 300 kg
Kleinster Wenderadius bei Normalspurausführung	1 550 mm

II. Motor

Arbeitsweise:	Dieselmotor, Viertakt, Fabr. „Kämper"
Type:	4 D 10 H
Zylinderzahl:	4
Zylinderdurchmesser:	100 mm
Kolbenhub:	142 mm
Hubraum:	4,46 Liter
Drehzahl:	1 420 Umdr./min.
Kraftstoffverbrauch:	(Gasöl von 10 000 kcal. unterem Heizwert) 190 g/PS-Std. Toleranz ± 5 %

Anlasser und Lichtmaschine: Fabrikat „Bosch"
Einspritzpumpe und Düsen: Fabrikat „Bosch"

III. Leistungsangaben

Normalleistung des Motors am Schwungrad	51 PS
Zughakenleistung	39 PS
Riemenscheibenleistung	46 PS
Zapfwellendrehzahl	560 Umdr./min.
Riemenscheibendrehzahl	1087 Umdr./min.
Riemenscheibendurchmesser und -breite	370/230 mm

Geschwindigkeiten:		Zughakenkräfte:
I. Gang	2,82 km/h	3 400 kg
II. Gang	4,04 km/h	2 400 kg
III. Gang	5,25 km/h	1 800 kg
IV. Gang	7,21 km/h	1 350 kg
Rückwärtsgang	3,60 km/h	1 800 kg

IV. Verschiedenes

Kraftstoffvorrat im Behälter	65 Liter
Schmierölmenge im Motor	13 Liter
Schmierölmenge im Getriebe	65 Liter
Wassermenge im Kühler	21 Liter

V. Zubehörteile gegen besondere Berechnung:

Obere Anhängekupplung
Zapfwellenantrieb
Riemenscheibenantrieb
Ketten 420 mm breit
Moorplatten 600 mm breit
Verdeck für den Fahrer in verschiedenen Ausführungen
Straßenplatten, aufschraubbar
Greifer mit Schrauben
Seilwinden in verschiedenen Ausführungen
Planiergeräte in verschiedenen Ausführungen

Änderungen vorbehalten!

Die bei uns vorliegende jahrzehntelange Erfahrung in der Konstruktion von Raupenschleppern hat dazu geführt, wesentliche Verbesserungen an dem bekannten FAMO-Raupenschlepper vorzunehmen. Bei dieser Konstruktion wurde vor allen Dingen darauf Rücksicht genommen, daß die Laufwerke bei Raupenschleppern den größten Verschleiß haben und dadurch entsprechend hohe Reparaturquoten entstehen. Wir haben daher für das Laufwerk eine besondere Konstruktion gewählt, die den Verschleiß der Einzelteile erheblich herabmindert, wodurch eine erhöhte Lebensdauer der Laufwerkteile gegeben ist.

Die Besonderheiten des Raupenschleppers »Boxer« sind folgende:

MOTOR

Die Motorleistung ist auf 50 PS erhöht worden. Der Motor leistet am Schwungrad 51 PS und hat genügend Kraftreserve bei einem geringen Brennstoffverbrauch, der je nach Ausnützung des Motors unter 190 g/PS/h liegt.

SCHALTGETRIEBE

Das Schaltgetriebe ist sehr einfach im Aufbau und für die zu übertragende Leistung überdimensioniert. Die vier Geschwindigkeiten von 2,82 — 4,04 — 5,25 — 7,21 Kilometer im Vorwärtsgang und Rückwärtsgang 3,6 km/h werden allen Ansprüchen in der Praxis gerecht. Dabei übt der Schlepper hohe Zugkräfte aus, bei bester Ausnutzung von Motorleistung und Adhäsionsgewicht.

LENKBETÄTIGUNG

Die Betätigung des Lenkmechanismus geschieht durch ein Handrad im gleichen Sinne wie beim Kraftwagen.
Die Lenkbremsbänder sind sehr stark überdimensioniert und haben deshalb geringe Abnutzung. Ihre Nachstellung erfolgt zunächst durch das kleine Handrad an der Lenksäule. Nach längerer Benutzungszeit können sie durch eine neuartige Vorrichtung von außen nachgestellt werden.

LAUFROLLEN

Die Laufrollenkörper sind an der Oberfläche durch Flammenhärtung mit einer tiefen verschleißfesten Härteschicht versehen.
Die Lagerung ist mit Bronzebüchsen auf gehärteten Bolzen ausgeführt, die seitliche Lagerung durch gehärtete Scheiben, die gegen Bronzeringe laufen.
Die Schmierung der Laufrollen erfolgt mit Motorenöl, das sich in großen Ölräumen in der Laufrolle befindet. Austreten von Öl und ebenso Eintreten von Staub von außen ist wirksam durch entsprechende Abdichtungen verhindert. Diese Laufrolle erfordert gegenüber der bisher üblichen nur geringe Wartung.

RAUPENKETTEN

Die Kettenglieder der Raupenketten sind aus hochwertigem Stahl geschmiedet und an ihren Laufflächen im Brennhärteverfahren gehärtet.
Die Laufplatten sind aus Stahlguß hergestellt und werden durch eine neuartige Verbindung durch Schrauben sicher befestigt. Die auftretenden Scherkräfte an dieser Verbindung werden an einer Leiste aufgenommen.
Die Raupenketten haben eine sehr lange Bodenauflage. Der Bodendruck in weichem Boden beträgt nur etwa 0,35 kg/cm².

LEISTUNG

Die Leistungsangaben und sonstigen technischen Einzelheiten sind auf der Rückseite verzeichnet. Der Raupenschlepper ist vom Schlepper-Prüffeld Marburg (KTL), Rauischholzhausen, geprüft worden. Das Prüfattest stellen wir gerne zur Verfügung.

Schmiedag
PLANIER-KLEINRAUPE

Beschreibung:

Die Schmiedag-Planier-Kleinraupe ① ist leicht, wendig und doch robust. Ausgerüstet mit bewährten luftgekühlten Diesel-Motoren des Zwei- und Viertakt-Systems. Der vorn liegende Fahrersitz gibt gute Sicht auf die Arbeit.

Die Konstruktion ist unkompliziert und solide. Dadurch einfache Wartung, wenig Verschleiß und kinderleichte Bedienung.

Lenkung über bewährte Spreizhebelbremsen mit starker Wirkung. Stabiles Wendegetriebe mit je 2 Geschwindigkeiten vorwärts und rückwärts. Einfache Schaltbetätigung.

Als Anbaugeräte sind lieferbar:

Starkes Räum- und Planierschild ③ für alle Erdbewegungen, 1150 mm breit, gleichzeitig zu verwenden mit 7-zinkigem Aufreißer ②.

Kippkübel, 0,25 cbm Inhalt ④, hervorragend zum Beschicken von Betonmischern und Silo-Anlagen, zum Transportieren und Verteilen von Splitt und Kies im Straßenbau.

Weitere gerätemäßige Vervollständigung ist vorgesehen, darunter Auflader, Seilwinden, Pflug usw.

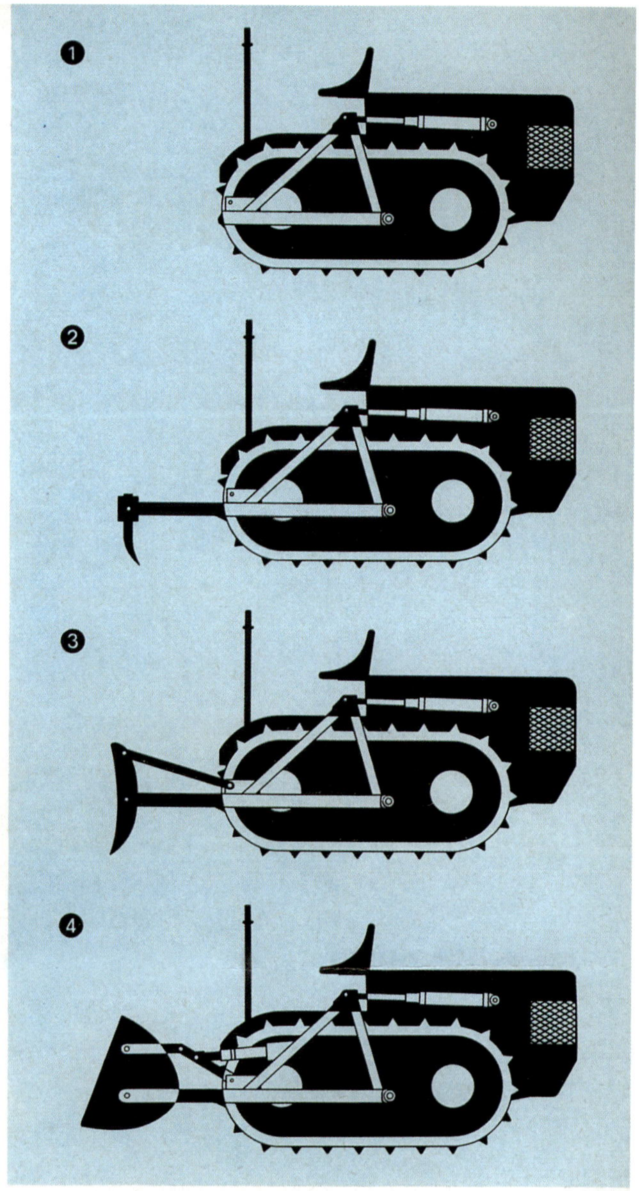

TECHNISCHE DATEN

Konstruktionsänderungen vorbehalten!

Abmessungen	Länge ca. 2400 mm Breite ca. 1120 mm Höhe ca. 1312 mm
Gewicht	fahrbereit ca. 1200 kg
Kupplung	Einscheibentrockenkupplung
Getriebe	Wendegetriebe und Differential mit je zwei Geschwindigkeiten in beiden Fahrtrichtungen, 1. Gang 2 km/h 2. Gang 4 km/h
Lenkung	Einknüppellenkung in Verbindung mit den Spreizhebelbremsen
Bremsen	Spreizhebelbremsen 300 x 60
Wenderadius	Innen 0 Außen ca. 1,60 m

Spurweite (Mitte bis Mitte Kette)	914 mm
Zahl d. Kettenglieder	24 Stück
Kettenbreite	200 mm
Auflagefläche beider Ketten	7 Glieder je Kette = 3570 cm^2
Bodendruck	0,364 kg / cm^2
Kraftheber	Hydraulik für Heben und Senken, Hub ca. 600 mm, unter Bodenkante ca. 200 mm
Planierschild	Breite 1150 mm, auswechselb. Stahlschneide
Kippkübel	Inhalt 0,25 cbm
Bodenfreiheit	ca. 140 mm

Wo arbeitet die Schmiedag-Planier-Kleinraupe?

Bei Bauunternehmen – im Straßenbau, Kanalbau usw., in Sand- und Kiesgruben, in Ziegeleien, im Braunkohlenbergwerk, im Kali-Bergbau, in den Gartenbauämtern und Fuhrparks der Stadtverwaltungen, im Wegebau der Gemeinden und des Forstes, bei Walzwerken und in Halden-Betrieben, im Landschafts-Gartenbau, im Bergbau, bei der Moorkultivierung, bei der Eisenbahn, in Stauereibetrieben usw.

Schmiedag
AKTIENGESELLSCHAFT HAGEN (WESTF.)

DER RAUPENSTOCK

die neue und – neuartige Raupe

ist den besten Maschinen der Gattung an Universalität der Verwendung gleich, an Lebensdauer des Kettenmechanismus aber überlegen. Da sein Hauptgewicht infolge des Vorderradantriebes weit nach vorn gelegt ist, ist er zugkräftiger als andere Raupen gleicher Motorstärke, von andersartigen Zugmaschinen ganz zu schweigen.

Der Raupenstock schleppt alles und treibt alles

STOCK MOTORPFLUG

AKTIENGESELLSCHAFT / BERLIN

BESONDERE VORZÜGE DES RAUPENSTOCK

Aufbäumen ausgeschlossen,
da der Raupenstock abweichend von anderen Raupen durch den Vorderradantrieb einen weit nach vorn verlegten Schwerpunkt besitzt,

Kettenverschleiß besonders niedrig,
da dem Raupenstock die sonst bei Raupen gebräuchlichen, bekanntlich aber sehr nachteiligen Tragrollen ganz fehlen. Seine Kettenglieder aber sind derart verbunden, daß der Verschleißtendenz die geringsten Angriffspunkte geboten werden.

Verwendbarkeit universell,
wie bei den besten Maschinen der Gattung, auf jeder Boden- und Geländeart, auf Land- und Stadtstraßen, für Bodenbearbeitung, Transport und Antriebskraft.

Anhängevorrichtung verstellbar.
für Bodengeräte tiefliegend, für Wagen oder andere Schlepplasten in Deichselhöhe, so daß jede Last derart gekuppelt werden kann, daß sie adhäsionsvergrößernd wirkt. Jeder Wagen kann mit der Normaldeichsel angekuppelt werden.

Bauart sehr stabil – Gewicht gering,
so daß der betriebsfertige Raupenstock nur 2200 kg wiegt und trotzdem eine richtige Strapaziermaschine ist.

Alle Teile leicht zugänglich
auch die Pleuellager, die nach einfachem Lösen eines Deckels bequem herausnehmbar sind. Trotz leichter Zugänglichkeit sind alle empfindlichen Teile staub- und öldicht gekapselt.

Wartung und Bedienung sehr einfach,
so daß auch ungeübte Leute den Raupenstock fahren können. Wenige Schmierstellen, da alle Organe auf Kugel- und Rollenlagern spielen.

Jedes Hindernis mühelos überwindbar,
da das Vorderrad mit seinem besonders großen Durchmesser die Kette gerade über große Hindernisse leicht hinüberführt. Die Ketten selbst, ebenso wie die nach allen Richtungen bewegliche Hinterachse passen sich jedem Hindernis an und bewahren den Raupenstock vor Verwindungen.

TECHNISCHE EINZELHEITEN

Motor:	2-Zylinder, Viertakt. Bohrung 120 mm, Hub 160 mm, Drehzahl 1000/min. Leistung: 28 PS/Benzol, 27 PS/Monopolin, 25 PS/Treiböl. Inhalt des Tanks 60 l. Selbsttätige Schmierung durch Umlauf-Druckpumpe und Öldruckmanometer. Ölfilter. Doppel-Luftfilter (vorgeschaltetes, sich selbst reinigendes Grobfilter und ölgetränktes Roßhaar-Feinfilter).
Kupplung:	Lamellenkupplung.
Getriebe:	Zahnradgetriebe mit 3 Vorwärts- und 1 Rückwärtsgang: 1. Gang 3,8 km/std., 2. Gang 5,2 km/std., 3. Gang 9,5 km/std., Rückwärtsgang 3 km/std.
Drehung an Ort:	Radius 1,80 m.
Riemenscheibe:	Durchmesser 280 mm, Breite 150 mm, Umdrehungen 1000/min.
Zugvorrichtungen:	1. tiefliegend für Bodenbearbeitungsgeräte; horizontal und vertikal verstellbar. 2. in Deichselhöhe für Schlepptransporte auf Straße und Acker, horizontal einschwenkend.
Räder:	Durchmesser vorn 1000 mm, hinten 750 mm, Radstand 1250 mm.

TECHNISCHE EINZELHEITEN

Ketten: Spurbreite (Mitte zu Mitte Kette) 1400 mm. Breite 240 mm, Auflagefläche 6400 cm². Länge der Auflagefläche 1350 mm. Bodendruck 0,5 kg/cm², Bewehrung: Nach Bedarf pro Kette 8 Stück 80 mm hohe Greifer.

Hauptabmessungen: Größte Länge: 2400 mm, größte Breite: 1700 mm, größte Höhe: 1500 mm, Bodenfreiheit: 380 mm.

Gewicht (betr.-fertig): (d. h. einschl. Brennstoff, Oel und Wasser): 2200 kg.

Brennstoffverbrauch: ca. 230 g Benzol, ca. 280 g Treiböl pro PS/std.

Schmierölverbrauch: ca. $^1/_{10}$ des Brennstoffverbrauchs.

Tagesleistungen: (in 10 Stunden auf mittlerem Boden): Schälfurche 6–8 ha; Saatfurche 3–3$^1/_2$ ha; Tieffurche (Untergrundlockerung) 2–2$^1/_2$ ha; Grubbern, Walzen und Eggen 10–13 ha.

Zugkraft am Haken: 1. Gang 1600 kg, 2. Gang 1100 kg, 3. Gang 700 kg. Diese Zugkraft reicht aus, um die allerschwersten Lasten fortzubewegen.

Form. 122a.3Na. 30000. 7. 27.

VEB BRANDENBURGER TRAKTORENWERKE
BRANDENBURG (HAVEL)
BTW
GLEISKETTENSCHLEPPER KS 30

VEB BRANDENBURGER TRAKTORENWERKE · BRANDENBURG (HAVEL)

Gleiskettenschlepper KS 30

Diese Zugmaschine ist für schwere und schwerste Arbeiten in der Land- und Forstwirtschaft sowie im Bauwesen einsatzfähig. Zusätzlich kann der KS 30 als stationäre Antriebsmaschine durch Riemenscheibenantrieb und als fahrbare Antriebsmaschine durch Zapfwellenantrieb verwendet werden. Zum anderen ist die Möglichkeit vorhanden, am KS 30 eine Seilwinde anzubauen.
Entsprechend den Bodenverhältnissen kann der KS 30 mit schmaler oder breiter Laufkette ausgerüstet werden. Mit schmaler Kette ist der KS 30 hauptsächlich für die Hackfruchternte mit Vollerntemaschinen vorgesehen.

Ein allradgefedertes Pendelrollenfahrwerk garantiert eine günstige Anpassung an die Bodenverhältnisse. Die Lenkung des KS 30 erfolgt mittels Spezial-Lenkgetriebe. Das Fahrzeug kann mit Kabine oder nur mit Fahrerwanne geliefert werden.

Technische Daten

Wassergekühlter Vierzylinder-Viertakt-Dieselmotor

Dauerleistung:	63 PS
Getriebe:	4 Vorwärts- und 1 Rückwärtsgang
größte Zugkraft am Haken:	4250 kg
Abmessungen (mit Kabine):	3985×1610×2280 mm
Gewicht (nach DIN 70020):	5200 kg

Gleiskettenschlepper KS 30 mit schmaler Kette

Für den Einsatz des Kettenschleppers KS 30 mit Vollerntemaschinen für die Rüben- oder Kartoffelernte wurde eine schmale Kette entwickelt, da die normale Kette zu breit für die Furche ist. Beim Ernteeinsatz läuft somit eine Kette in der Furche, die andere auf dem abgeernteten Acker.
Der KS 30 mit schmaler Kette hat sich bei der Rübenernte mit der Rübenvollerntemaschine auf schweren, verfestigten Böden sehr gut bewährt.

Technische Daten

Dauerleistung:	63 PS
Zughakenkräfte:	1. Gang 4500 kg
	2. Gang 3100 kg
	3. Gang 2100 kg
	4. Gang 1500 kg
Spurweite:	1245 mm
Kettenbreite:	200 mm
Bodenfreiheit:	310 mm

PRODUKT-BERATER
CLAAS
Challenger
CLAAS
GT - CH 65
CLAAS
CLAAS
75E
GT - CH 75
CLAAS
GT - CH 95

CLAAS Challenger

CLAAS
CLAAS
CLAAS
Challenger
GT - CH 95

Weitere Literatur für Schlepper-Liebhaber

Fordern Sie kostenlos und völlig unverbindlich unseren neuesten Prospekt an mit Büchern über:

- Traktoren
- Baumaschinen
- Lastwagen
- Feuerwehren
- Autos
- Motorräder
- Lokomotiven
- Omnibusse

Podszun-Verlag GmbH
Postfach 1525
D-59918 Brilon
Telefon 02961 / 53213
Fax 02961 / 2508

144 Seiten, fester Einband
ISBN 3-86133-275-2
EUR 19,90

144 Seiten, fester Einband
ISBN 3-86133-239-6
EUR 19,90

144 Seiten, fester Einband
ISBN 3-86133-246-9
EUR 19,90

144 Seiten, fester Einband
ISBN 3-86133-189-6
EUR 19,90

238 Seiten, fester Einband
ISBN 3-86133-152-7
EUR 34,90

144 Seiten, fester Einband
ISBN 3-86133-190-X
EUR 24,90

erscheint jährlich im Oktober neu

144 Seiten, Leinenbroschur
ISBN 3-86133-265-5
EUR 14,90

180 Seiten, fester Einband
ISBN 3-86133-272-8
EUR 24,90

144 Seiten, fester Einband
ISBN 3-86133-261-2
EUR 19,90